工程制图及 CAD

杨桂林　主　编
唐　新　副主编
刘巨声　主　审

U0316435

中国铁道出版社有限公司

2021年·北京

内 容 简 介

本书内容主要包括画法几何和土建专业图两大部分内容,介绍了工程制图的基本知识,投影作图的基本理论,铁路工程图的内容、特点,各类典型图样作图的基本技能。本书配有《工程制图及 CAD 习题集》。

本书为高职高专院校铁道工程类专业的教学用书,也可供相关工程技术人员参考。

本书内容如有不符最新规章标准之处,以最新规章标准为准。

图书在版编目(CIP)数据

工程制图及 CAD/杨桂林主编. —北京:中国铁道出版社,2007.8(2021.7 重印)

铁路职业教育铁道部规划教材·高职

ISBN 978-7-113-08262-8

Ⅰ. 工… Ⅱ. 杨… Ⅲ. 工程制图-计算机辅助设计-高等学校:技术学校-教材 Ⅳ. TB237

中国版本图书馆 CIP 数据核字(2007)第 131584 号

书　　名:**工程制图及 CAD**

作　　者:杨桂林

责任编辑:李丽娟　　　编辑部电话:(010) 51873240　　　电子信箱:992462528@qq.com

封面设计:陈东山

责任印制:高春晓

出版发行:中国铁道出版社有限公司(北京市西城区右安门西街 8 号　邮政编码:100054)

印　　刷:三河市宏盛印务有限公司

版　　次:2007 年 11 月第 1 版　　2021 年 7 月第 13 次印刷

开　　本:787 mm×1092 mm 1/16　印张:11.5　插页:2　字数:282 千

书　　号:ISBN 978-7-113-08262-8

定　　价:36.00 元

前　言

　　本书是根据铁道部建筑工程专业教学指导委员会 2007 年衡阳会议精神,按照铁道工程专业教学要求而编写的。为了便于教学,同时编写出版了与本书相配套的《工程制图及 CAD 习题集》。

　　本书包括四部分内容:制图基本知识——介绍工具使用、铁路工程制图标准、几何作图;投影作图——介绍投影基础、体的投影、轴测投影、表达物体的常用方法;铁路工程制图——介绍钢筋混凝土结构图以及铁路桥梁、涵洞、隧道、线路工程图;AutoCAD 基础——介绍 AutoCAD 2006 软件的基本功能和使用方法。

　　本书是在中国铁道出版社 1995 年出版的由刘秀芩主编的《工程制图》(第二版)基础上修订而成的。

　　本书主要特点:

　　1. 执行《铁路工程制图标准》(TB/T 10058—98)。包括在第一章里介绍的制图标准和图例中的内容。《铁路工程制图标准》介绍不详细的内容(如字体),则执行《道路工程制图标准》(GB 50162—92)。

　　2. 在投影作图部分尽量体现由易到难、由简到繁的过程,便于学生理解和提高。例图尽量与铁路工程实例相结合。

　　3. 全面介绍铁路工程专业制图。包括铁路桥梁、涵洞、隧道、线路等工程图,为专业课学习打下坚实基础。

　　4. 简要介绍 AutoCAD 2006 软件的基本功能和使用方法。适合 CAD 课时不多的课程学习。

　　本书由天津铁道职业技术学院杨桂林任主编,湖南交通工程职业技术学院唐新任副主编,华东交通大学职业技术学院刘巨声担任主审。编写分工为:天津铁道职业技术学院王英(绪论、第一章),杨桂林(第二、三、四章),倪宇亮(第五、六章);湖南交通工程职业技术学院唐新(第七、八、九、十章);华东交通大学职业技术学院周慧芳(第十一章)。

　　在此特别对刘秀芩主编的《工程制图》(第二版)的编者表示感谢。

编　者
2007 年 8 月

目 录

绪　　论

一、工程图样及其在生产中的作用

工程图样是一种以图形为主要内容的技术文件,用来表达工程建筑物的形状、大小、材料及施工技术要求等。

例如在建造房屋、桥梁及制造机器时,设计人员要画出图样来表达设计意图,生产部门则依据设计图纸进行制造、施工。技术革新、技术交流也离不开图样。因此,在现代化生产中,工程图样作为不可缺少的技术文件,起着十分重要的作用,被比喻为工程界的"语言"。对于铁路工程技术人员,学好这门"语言",正确地绘制和阅读工程图样,是其进行专业学习和完成本职工作的基础。

二、工程图学发展概况

在生产实践中,人类很早就用图形来表达物体的形状结构。如在 1100 年我国宋代李诫所著的建筑工程巨著《营造法式》中,就用大量插图表达了复杂的结构,较正确地运用了正投影和轴测投影的方法。

经过长期的实践和研究,人们对工程图样的绘制原理和方法有了广泛深入的认识。1795年法国科学家蒙日发表了《画法几何》,系统地阐述了各种图示、图解的基本原理和作图方法,对工程图学的建立和发展起了重要作用。目前,工程图样已广泛应用于各个生产领域。为了使工程图样规范化,我国分别制定了建筑、机械及其他各专业的制图标准,并不断修订完善。世界各国和行业组织的制图标准也在不断进行协调和统一。

现在,工程图学已发展成为一门理论严密、内容丰富的综合学科,包括图学理论、制图技术、制图标准等诸多方面。计算机图学的建立和应用,是工程图学在现代最重要的进步和发展。

三、本课程的内容、学习要求和方法

工程制图是一门介绍绘制和阅读工程图样的原理、规则和方法,培养绘图技术,提高空间思维能力的学科,是工科土建类专业的一门重要的、实践性很强的技术基础课。

(一)课程内容

1. **制图基本知识**——介绍制图工具和用品的使用及保养方法,基本的制图标准和平面几何图形的画法。

2. **投影作图**——介绍绘制和阅读工程图样的基本原理和方法。

3. **铁路工程图**——介绍铁路桥涵、隧道、线路工程图的内容、特点,及其绘制和阅读的方法。

4. **计算机辅助制图**——介绍常用制图软件的功能和用法。

(二)学习要求

1. 掌握正投影法的基本原理和作图方法。

2. 正确使用常用绘图工具。

3. 正确阅读和绘制铁路工程图。所绘的图样符合铁路工程制图标准。

4. 掌握一种制图软件的基本使用方法。

(三)学习方法

制图是一门实践性很强的课程,读图和画图的能力必须通过足够的训练才能提高。因此,尤其要重视实践环节。

1. 为了深刻理解和掌握制图的原理、分析的方法、作图方法,必须认真听课和复习。此外,还必须及时完成解题练习。因为物体的形状千差万别,其结构的复杂程度也很不一样。只有通过反复练习,才能熟悉物体的结构,巩固理论知识,使空间想象力与分析解题的能力得到提高。

2. 为了提高所绘图样的质量,要牢记制图标准,并通过多次的绘图训练提高绘图能力。

3. 要养成认真负责的工作态度和一丝不苟的工作作风。工程图样是重要的技术文件,错一条线、一个数字,都可能给工程带来损失。

4. 制图课的目的是培养学生有较高的空间思维能力和熟练的动手能力。读者在学习过程中,应随时了解自己在哪方面存在不足,并找出原因,重点提高,做到全面发展。

第一章

制图基本知识

第一节　制图工具和用品

本章主要介绍常用的制图工具和用品的使用方法。

一、图　板

如图 1-1-1 所示,图板是铺放图纸用的。要求板面平整光滑,工作边(图板左侧边)平直。需要专用的透明胶带固定图纸。不要用图钉、小刀等损伤板面,并避免墨汁污染板面。

二、丁字尺

如图 1-1-1 所示,丁字尺用于画水平线,并与三角板配合画线。要求尺身与尺头垂直,尺身平直,刻度准确。

使用丁字尺作图时,必须保证尺头与图板左边贴紧。用丁字尺画水平线的手法,如图1-1-2所示。

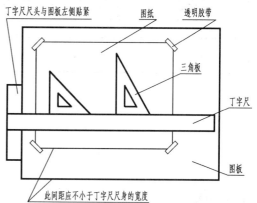

图 1-1-1　图板、丁字尺、三角板

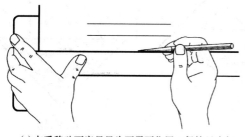

(a)左手移动丁字尺尺头至需要位置,保持尺头与图板左边贴紧,左手拇指按住尺身,右手画线。

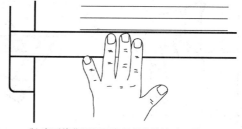

(b)当画线位置距丁字尺尺头较远时,需移动左手固定尺身。

图 1-1-2　丁字尺的使用方法

为了保证作图的准确性,不得采用图 1-1-3 所示的错误用法。

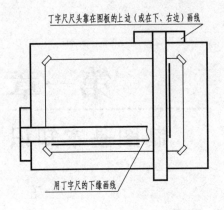

图 1-1-3 丁字尺的错误用法

三、三 角 板

三角板用于画直线。一副三角板有两块,如图 1-1-1 所示。三角板与丁字尺配合,可以画出各种特殊角度的直线,如图 1-1-4 所示。

图 1-1-5 所示为竖直线画法。注意应从下向上画线。

两块三角板进行配合,可以画出平行直线和垂直直线。图 1-1-6 介绍了垂直线的两种画法。

用三角板作图,必须保证三角板与三角板之间、三角板与丁字尺之间靠紧。

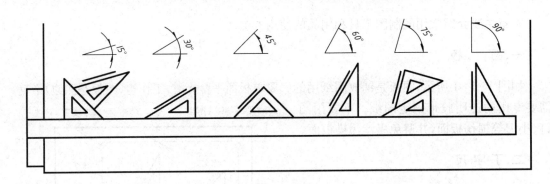

图 1-1-4 特殊角度的直线画法

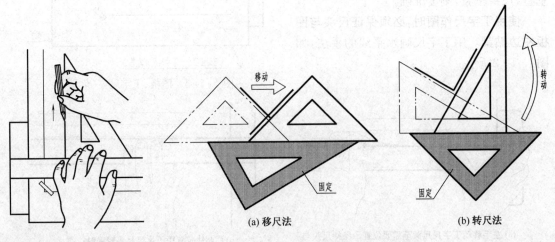

图 1-1-5 竖直线画法

图 1-1-6 垂直线的画法

四、比 例 尺

比例尺是一种按规定比例直接度量长度的工具。常用的为三棱比例尺,如图 1-1-7 所示。

1:100
0
1m
2
28
29
30
60
5m
0
1:200

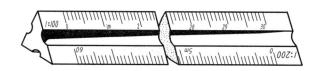

图 1-1-7　三棱比例尺

五、绘图墨水笔

绘图墨水笔又叫针管笔，用于画墨线。

使用时，应使笔杆垂直于纸面，并注意用力适当，速度均匀。下水不畅时，可竖直握笔上下抖动，带动引水通针通畅针管。较长时间不用时，应用水清洗干净。清洗时，一般不必取出通针，以防弯折。

六、圆　规

圆规用于画圆或圆弧，其结构如图 1-1-8 所示。装上不同的配件，可以画出铅笔圆、墨线圆、大圆或作为分规使用。其中定心钢针和铅芯的安装方法如图 1-1-9 所示。

圆规的用法如图 1-1-10 所示。使用要领是：**钢针与插腿均垂直于纸面；圆规略向旋转方向倾斜，以保持对纸面的压力；用力适当，速度均匀。**

小圆和大圆的画法如图 1-1-11 所示。

1
2
3
4

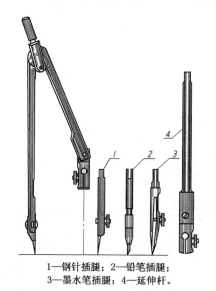

1—钢针插腿；2—铅笔插腿；
3—墨水笔插腿；4—延伸杆。

图 1-1-8　圆规

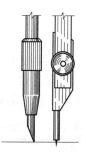

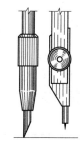

画圆时定心钢针用带台阶一端，以免扩大纸孔；针尖比笔尖略长。
(a) 正确
两脚不齐；钢针旋到螺栓外侧；铅芯斜面向内。
(b) 错误

图 1-1-9　定心钢针及铅芯的安装方法

七、分　规

分规用于量取线段，如图 1-1-12 所示。

八、图纸和透明胶带

图纸分为绘图纸和描图纸（半透明）两种。画图时，应通过试验找到正面（橡皮擦后不易起毛、上墨不洇的一面）画图。

透明胶带专用于固定图纸。

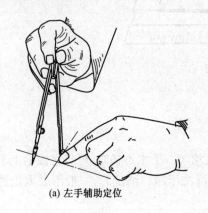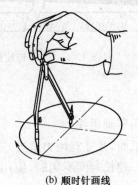

(a) 左手辅助定位　　　　　　(b) 顺时针画线　　　　　　(c) 两脚与纸面垂直

图 1-1-10　圆规用法

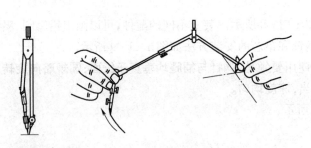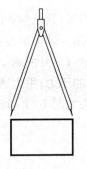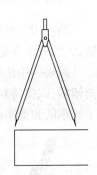

(a) 画小圆时可将插腿　　　(b) 利用延伸杆画大圆
及针尖稍向里倾

图 1-1-11　小圆和大圆的画法　　　　图 1-1-12　利用分规作全等形

九、绘图铅笔

为满足绘图需要,铅笔的铅芯有不同的硬度,用硬度符号表示。如"HB"表示中等硬度,"B"表示稍软,而"H"表示稍硬,"2B"则更软,"2H"更硬。软铅芯适合画粗线,硬铅芯用于画细线。根据不同的用途,木杆铅笔和圆规铅芯需要的硬度及形状如表 1-1-1 所示。

表 1-1-1　木杆铅笔和圆规铅芯

类　型	木 杆 铅 笔		圆 规 铅 芯	
铅 芯 形 状				
硬　度	2H 或(3H)	HB	B	HB	2B
用　途	画底稿线	画细线、中粗线、写字	画粗线	画底稿线、细线、中粗线	画粗线

木杆铅笔的削法是:先用小刀削去木杆,露出一段铅芯,如图 1 - 1 - 13 所示,然后用细砂纸磨成需要的形状。**在整个绘图过程中,各类铅芯要经常修磨,以保证图线质量。**

图 1 - 1 - 13 木杆铅笔

绘图也可以使用自动铅笔。注意应购买符合线宽标准的绘图用自动铅笔,并选用符合硬度要求的铅芯。

十、其他用品

绘图橡皮——用于擦除铅笔线。

擦图片——用于保护有用的图线不被擦除。同时提供一些常用图形符号,供绘图使用。如图 1 - 1 - 14 所示。

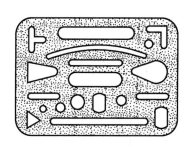

图 1 - 1 - 14 擦图片

小刀和砂纸——用于削、磨铅笔。

刀片——用于刮除墨线和污迹。

十一、制图的基本程序及注意事项

画图时,无论繁简,一般按下列步骤进行:

(一)准备工作

1. 制图室的光线应从左前方照射,并充足柔和。制图桌应有坡度,桌、凳的高度应适合于站着和坐着绘图。

2. 准备好工具用品,并擦拭干净。图板上要少放物品,以免影响工作或弄脏图纸。

3. 贴好图纸。

(二)画 底 稿

1. 用 2H 或 3H 铅笔绘制图样的底稿,图线要轻、细,尺寸要准确。

2. 检查底稿,修改错误,并擦去错误的线条和辅助作图线,注意不要使图纸起毛。

(三)图线描深

1. 根据需要,将图样画成墨线图或铅笔描深图。

2. 改错,修饰图样。

(四)结束工作

洗净、擦净工具用品,并妥善保管,清理工作场地。

第二节 基本制图标准

为了使工程图样符合技术交流和设计、施工、存档的要求,需要制定制图标准。制图标准对图样的格式和表达方法等作了统一规定,制图时必须严格遵守。

本节摘要介绍我国铁路工程制图标准中的图幅、标题栏、图线、字体、比例、尺寸标注等内容。

一、图幅及图框

为了便于保管和装订图纸,制图标准对图纸的幅面及图框尺寸作了统一规定,如表1-2-1和图1-2-1所示。

表1-2-1 幅面及图框尺寸(mm)

幅面代号 / 尺寸代号	A0	A1	A2	A3	A4
b×l	841×1189	594×841	420×594	297×420	210×297
c	10			5	
a	25				

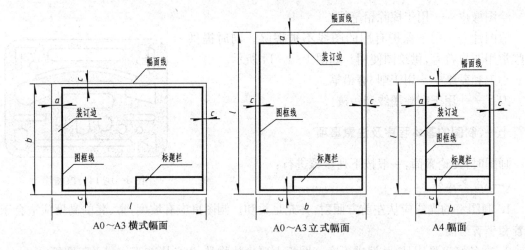

图1-2-1 图幅格式

当表1-2-1中的图幅不能满足使用要求时,可将0~3号图纸的长边加长后使用。加长后的尺寸应符合制图标准的规定。4号图幅不应延长。

制图时,A0~A3图纸宜横式使用,必要时也可以立式使用;A4图纸只能立式使用,如图1-2-1所示。

图框是图样的边界。图框线的宽度应符合表1-2-2的规定。

表1-2-2 图框线、标题栏线的宽度(mm)

幅面代号	图 框 线	标题栏外框线	标题栏分格线
A0、A1	1.4	0.7	0.35
A2、A3、A4	1.0	0.7	0.35

二、标 题 栏

每张图纸的右下角都应设一个标题栏(又称图标),用来填写图名、制图人名、设计单位、图纸编号等内容。标题栏在图纸中的位置如图1-2-1所示。

标题栏有多种格式以适应不同的需要,图1-2-2所示为三级签署格式。标题栏线宽如

表 1-2-2 和图 1-2-2 所示。

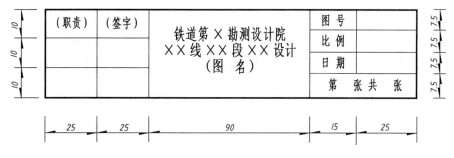

图 1-2-2　标题栏格式示例

　　一项工程或建筑需要绘制一整套图纸。为了便于使用和管理,这些图纸要按规定的方法折叠成 A4 或 A3 幅面的尺寸,并按专业顺序和主从关系装订成册。

三、图　线

　　图形是由图线组成的。制图标准规定了图线的种类和画法。

　　(一)图线的形式及用途

　　图线的形式及一般用途如表 1-2-3 所示。

表 1-2-3　线　型

名　称		线　型	线　宽	一　般　用　途
实线	粗		b	主要可见轮廓线
	中		$0.5b$	可见轮廓线
	细		$0.35b$	可见轮廓线、图例线等
虚线	粗		b	见有关专业制图标准
	中		$0.5b$	不可见轮廓线
	细		$0.35b$	不可见轮廓线、图例线等
点画线	粗		b	见有关专业制图标准
	中		$0.5b$	见有关专业制图标准
	细		$0.35b$	中心线、对称线等
双点画线	粗		b	见有关专业制图标准
	中		$0.5b$	见有关专业制图标准
	细		$0.35b$	假想轮廓线、成型前原始轮廓线
折　断　线			$0.35b$	断开界线
波　浪　线			$0.35b$	断开界线

图样中的线型及用途示例如图1-2-3所示。

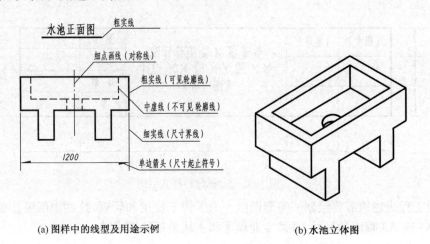

(a) 图样中的线型及用途示例　　　　　(b) 水池立体图

图1-2-3　线型示例

每个图样一般由粗、中、细三种宽度的图线组成。其具体宽度应符合制图标准规定的线宽系列，即0.18 mm、0.25 mm、0.35 mm、0.5 mm、0.7 mm、1.0 mm、1.4 mm、2.0 mm。绘图时，应根据图样的复杂程度及比例大小，选用表1-2-4中适当的线宽组。

表1-2-4　线　宽　组(mm)

粗(b)	2.0	1.4	1.0	0.7	0.5	0.35
中(0.5b)	1.0	0.7	0.5	0.35	0.25	0.18
细(0.35b)	0.7	0.5	0.35	0.25	0.18	

(二)图线画法

绘制图线时，除了遵守上述基本规定外，还应符合表1-2-5的要求，以保证图样的规范性。

表1-2-5　图　线　画　法

注意事项	正确画法	错误画法
粗实线宽度要均匀，边缘要光滑平直		
1. 虚线间隔要小，线段长度要均匀 2. 虚线宽度要均匀，不能出现"尖端"		
1. 点画线的"点"要小，间隔要小 2. 点画线的端部不得为"点"		
图线的结合部要美观		

续上表

注 意 事 项	正 确 画 法	错 误 画 法
图线应线段相交,尽量不交于间隙或交于点画线的"点"处	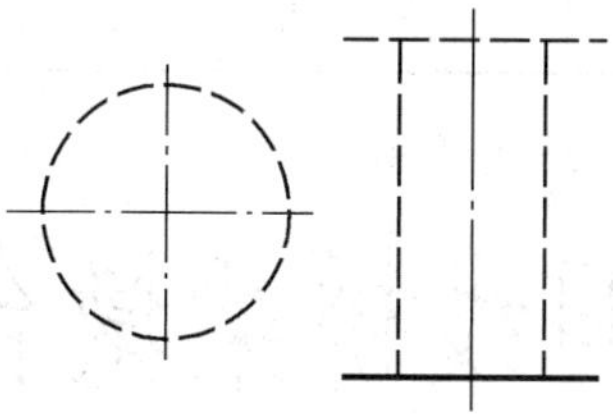	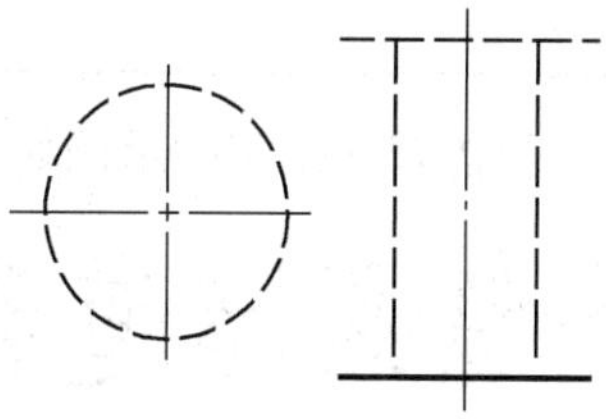
1. 点画线应超出图形 3～5 mm 2. 点画线的"点"应在图形范围内 3. 点画线很短时,可用实线代替	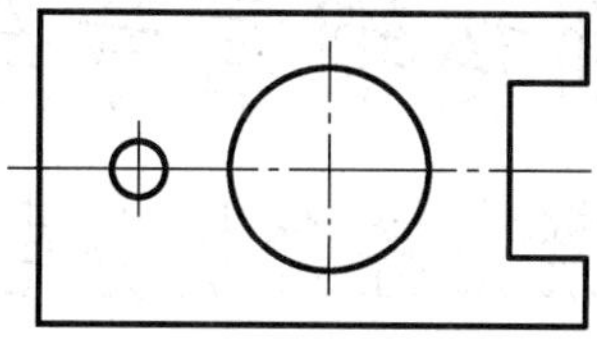	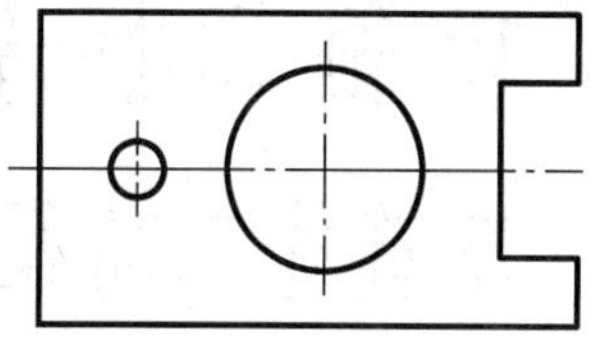
两线相切时,切点处应是单根图线的宽度	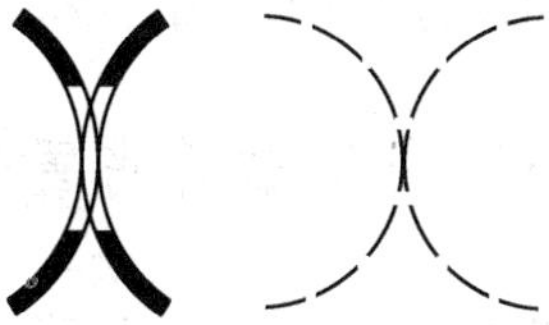	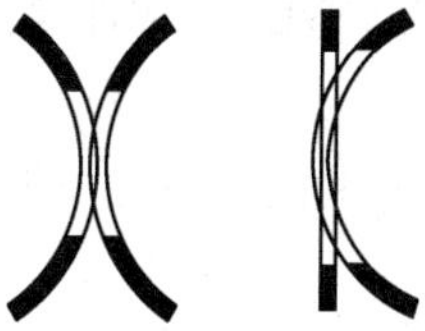
两平行线间的空隙不小于粗线的宽度,同时不小于 0.7 mm		
虚线为实线的延长线时,应留有空隙	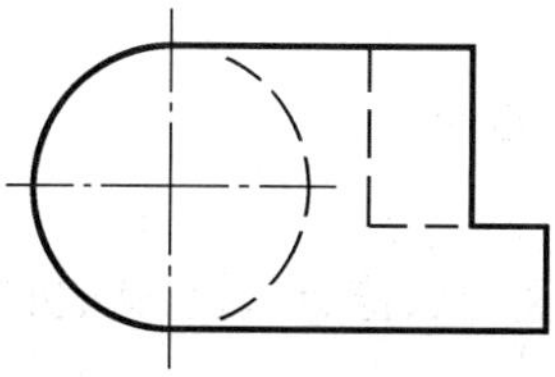	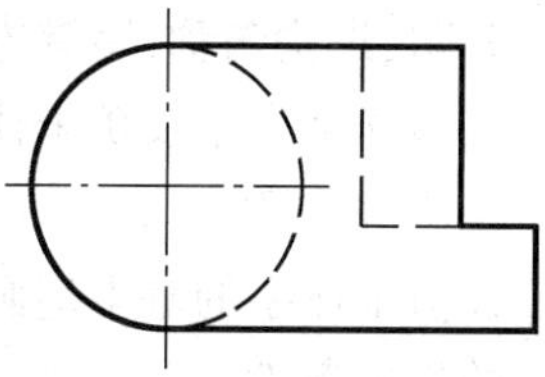

四、字　　体

图样中除了用图形来表达物体的形状外,还要用文字来说明它的大小、技术要求等。

图样上的文字、数字或符号等,必须用黑墨水书写。并应做到:**笔画清晰、字体端正、排列整齐、标点符号清楚正确。**

文字的字高,应从如下系列中选用:2.5 mm、3.5 mm、5 mm、7 mm、10 mm、14 mm、20 mm。如果需要书写更大的字,其高度按 $\sqrt{2}$ 的比值递增。汉字的字高应不小于 3.5 mm,拉丁字母、阿拉伯数字或罗马数字的字高,应不小于 2.5 mm。习惯上将字体的高度值称为字的号数,如字高为 5 mm 的字,称为 5 号字。

(一)汉　　字

图样上的汉字,应采用长仿宋字体,并应采用国家正式公布的简化字。

长仿宋体汉字的宽度与高度的比例约为 2∶3,如表 1-2-6 所示。

表1-2-6　长仿宋体字的高宽关系(mm)

字　高	20	14	10	7	5	3.5	2.5
字　宽	14	10	7	5	3.5	2.5	1.8

长仿宋体汉字的示例如图1-2-4所示。

铁路隧道涵洞线桥梁墩台板轨枕站场

设备工程基础运输信号车辆结构钢筋

建筑施工高程混凝土砼岔机务电气化防水层文地

质院所测量设计规划制图审核平立剖断面横纵视

复制比例日期张东南西北上下前后布置组织沙石水编捣固养护

维修段标注中心距离里程预算作业乘降调度区间通过堑出口挡

图1-2-4　长仿宋体汉字示例

长仿宋体字的字形方整、结构严谨,笔画刚劲挺拔、清秀舒展。其书写要领是:**横平竖直、起落分明、结构匀称、写满方格。**

下面详细介绍长仿宋体汉字的写法。

1. 基本笔画

长仿宋体字的基本笔画为横、竖、撇、捺、点、挑、钩、折。掌握基本笔画的特点和写法,是写好字的先决条件。

基本笔画的运笔方法如表1-2-7所示。

表1-2-7　长仿宋体汉字的基本笔画

基本笔画	外　　形	运笔方法	写　法　说　明	字　例
横	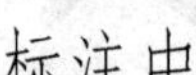 一	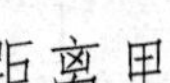 一	起落笔须顿,两端均呈三角形;笔画平直,向右上倾斜约5°	二　量
竖	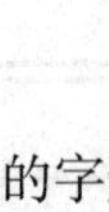 丨	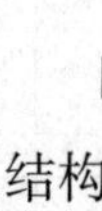 丨	起落笔须顿,两端均呈三角形;笔画垂直	川　侧
撇	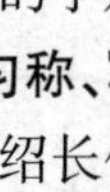 丿	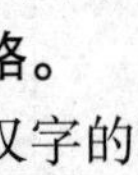 丿	起笔须顿,呈三角形,斜下轻提笔,渐成尖端	人　后
捺	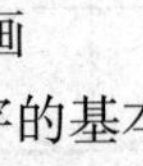 ㇏	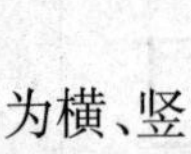 ㇏	起笔轻,捺笔重;加力顿笔,向右轻提笔出锋	史　过

续上表

基本笔画	外形	运笔方法	写法说明	字例
点	、	、	起笔轻,落笔须顿,一般均呈三角形	心滚
挑	／	／	起笔须顿,笔画挺直上斜轻提笔,渐成尖端	习切
钩	亅	亅	起笔须顿,呈三角形,钩处略弯,回笔后上挑速提笔	创狠
折	𠃊	𠃊	横画末端回笔呈三角形,紧接竖划	陋级

应正确掌握笔画书写的两点要领:

(1)横平竖直——横和竖是汉字的骨架,横平竖直,字就端正安稳。不仅如此,长仿宋字的撇和捺也应写得近于"直",不能柔软弯曲。当然也不能写得过于呆板。

(2)起落分明——除了通过笔力的轻重使笔画产生粗细的变化外,还应在起、落笔(及转折)时回笔筑锋,使字显得挺拔。但是,笔锋不能过大过重,切记"笔锋"只是"笔画"的装饰。

2. 部首

大部分汉字是合体字,由部首和其他部分组成。熟练掌握常用部首的写法,对练好长仿宋字能起到事半功倍的作用。

常用部首的书写示例如表1-2-8所示。

表1-2-8　常用部首书写示例

部首	说明	字例	部首	说明	字例
亻	撇坡度宜大,竖宜长	低倾	阝	右"耳"比左"耳"略长	际郊
扌	横不宜长,挑位置不宜过高	抛描	口	左竖出两头,下横托右竖	员和
木	竖无钩,撇和点与竖相接	机械	广	横起笔无锋,与撇相接	度库
讠	横宜短,竖要直	说讲	艹	横宜长;左为竖,右为撇	荣蓝
土	横宜短,挑坡度宜小	堵块	𥫗	点与横接	简等
纟	撇应平行,挑坡度宜小	继续	宀	第一点右斜	窗帘
氵	第二点略偏左,挑坡度要大	河流	灬	第一点左斜,其余三点右斜	黑蒸
钅	第一横宜短,且与撇中部相接	铝铸	辶	横不宜过高,捺中部较"直"	通速

3. 整字写法

整字的书写要领是结构匀称、写满方格。结构匀称是指字的笔画疏密均匀，各组成部分安排适当；写满方格是指先按字体高宽画出框格，然后顶格书写，这样既便于控制字体结构，又使各字之间大小一致。

长仿宋字的基本书写规则如表 1-2-9 所示。

表 1-2-9　长仿宋字的基本书写规则

说　明	示　例
顶格写字——字的主要笔画或向外伸展的笔画，其端部与字格框线接触	井 直 教 师
适当缩格——横或竖画作为字的外轮廓线时，不能紧贴格框	图 工 日 日
平衡——字的重心应处于中轴线上，独体字尤其要注意这一点	王 玉 上 大
比例适当——合体字各部分所占位置应根据它们笔画的多少和大小来确定，各部分仍要保持字体正直	伸 湖 售 票
平行等距——平行的笔画应大致等距	重 量 侧 修
紧凑——笔画适当向字中心聚集；字的各部分应靠紧，可以适当穿插	处 风 册 纺
部首缩格——有许多左部首的高度比字高小，并位于字的中上部。如 氵、口、日、白、石、山、钅、足等	坡 砂 踢 时

（二）拉丁字母、阿拉伯数字

拉丁字母、阿拉伯数字可写成斜体和直体。斜体字字头向右倾斜，与水平线成 75°角。字母和数字分 A 型和 B 型。A 型字体的笔画宽度为字高的 1/14，B 型字体的笔画宽度为字高的 1/10。

拉丁字母、阿拉伯数字的示例如图 1-2-5 所示。

五、尺寸标注

尺寸用来确定图形所表达物体的实际大小，是图样的重要组成部分。

（一）尺寸的组成

一个完整的尺寸由尺寸界线、尺寸线、尺寸起止符号和尺寸数字四部分组成，称为尺寸的四要素，如图 1-2-6 所示。下面以线性尺寸为例，分别介绍。

1. 尺寸界线——用来指明所注尺寸的范围，用细实线绘制。

2. 尺寸线——用来标明尺寸的方向，用细实线绘制。尺寸线应与所注长度平行，与尺寸界线垂直。

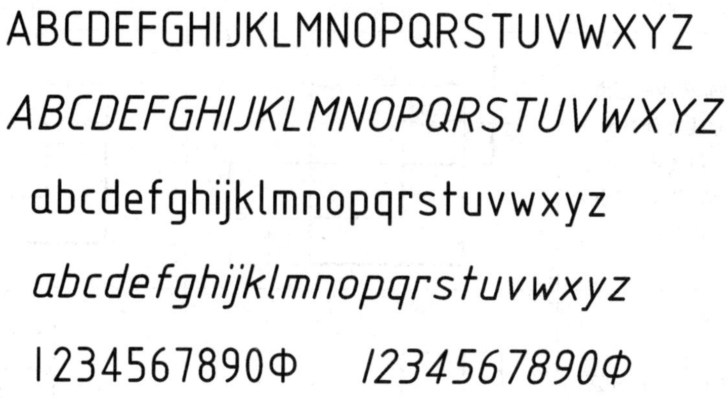

ABCDEFGHIJKLMNOPQRSTUVWXYZ

ABCDEFGHIJKLMNOPQRSTUVWXYZ

abcdefghijklmnopqrstuvwxyz

abcdefghijklmnopqrstuvwxyz

1234567890Φ　　*1234567890Φ*

图 1-2-5　外文字母、阿拉伯数字示例

3. 尺寸起止符号——尺寸的起止符号用单边箭头表示。

4. 尺寸数字——用来表示物体的实际尺寸。以 mm 为单位时,可省略"mm"字样。同一图样上的数字大小应一致。

(二)尺寸的基本注法

尺寸的基本标注方法和注意事项如表 1-2-10所示,绘图时应严格遵守(在后续章节中还将介绍其他尺寸注法)。

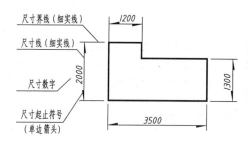

图 1-2-6　尺寸的组成

表 1-2-10　尺寸的基本注法及注意事项

内容	说　　明	正确注法	不当注法
尺寸界线	1. 尺寸界线的一端离开图样轮廓线不小于 2 mm;另一端超出尺寸线 2~3 mm 2. 可以用轮廓线或点画线的延长线作为尺寸界线	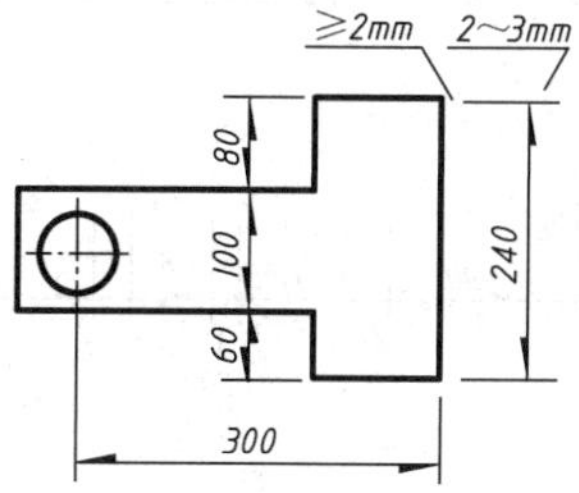	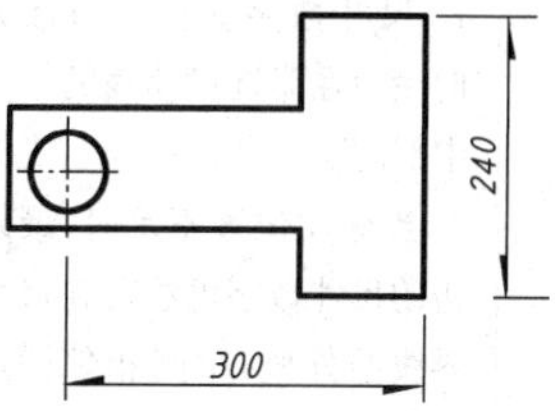
尺寸线	1. 尺寸线与所注长度平行 2. 尺寸线不得超出尺寸界线 3. 尺寸线必须单独画,不得与任何图线重合	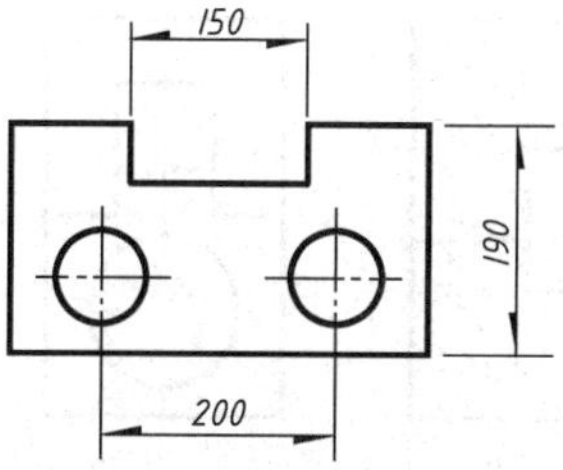	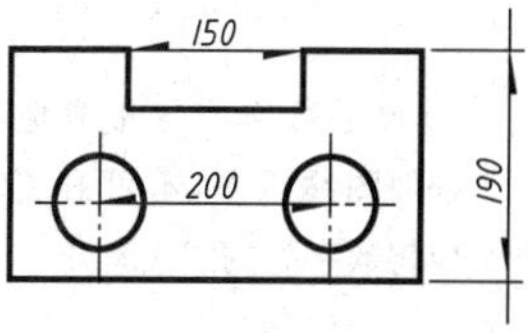

内容	说　明	正确注法	不当注法
尺寸排列	1. 尺寸线到轮廓线的距离≥10 mm；尺寸线之间的距离为7～10 mm，并保持一致 2. 相互平行的尺寸，应小尺寸在里，大尺寸在外	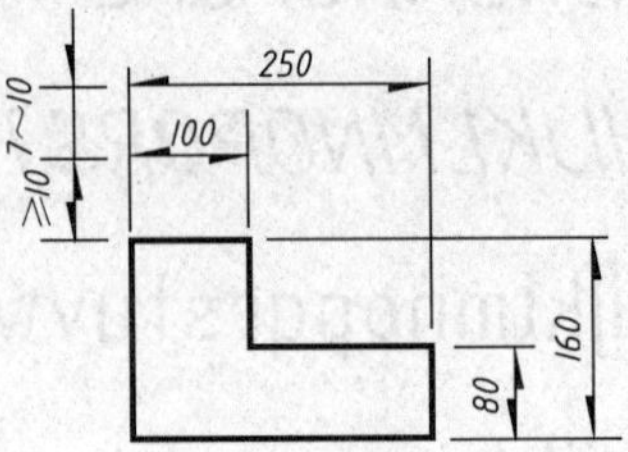	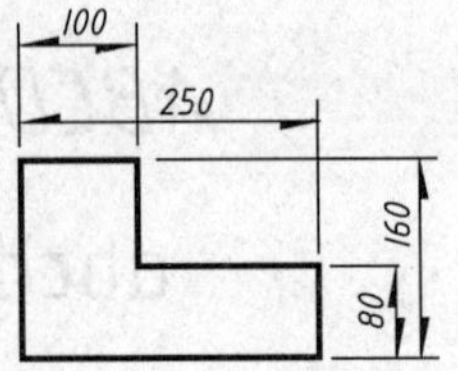
尺寸起止符号	1. 单边箭头画法如右图所示 2. 当标注位置不足时，可采用反向箭头或用圆点表示	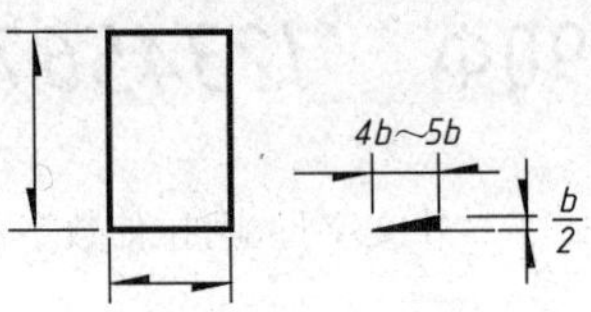	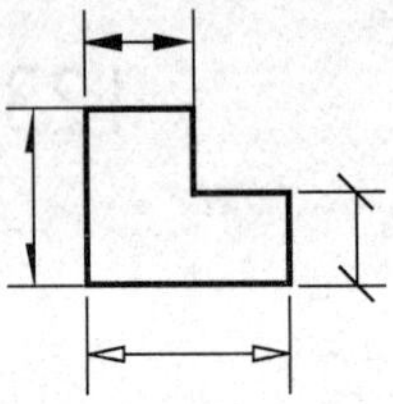
尺寸数字的读数方向	1. 水平尺寸数字字头朝上 2. 竖直尺寸数字字头朝左 3. 倾斜尺寸数字的字头朝向与尺寸线的垂直线方向一致，并不得朝"下"	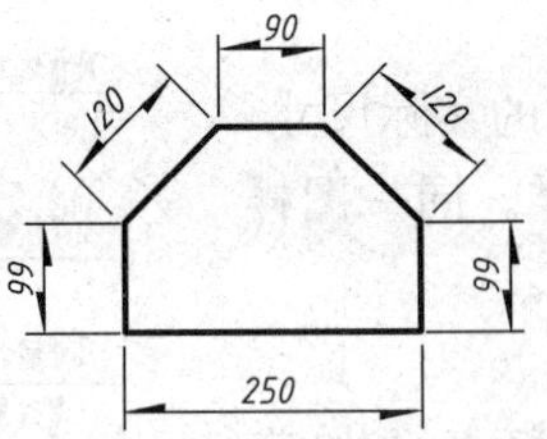	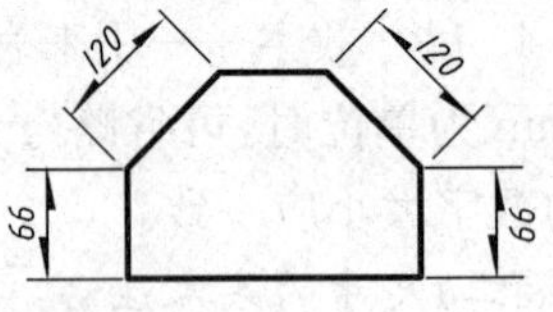
	4. 当尺寸线与竖直线的顺时针夹角 α≤30°时，宜按图示方法标注	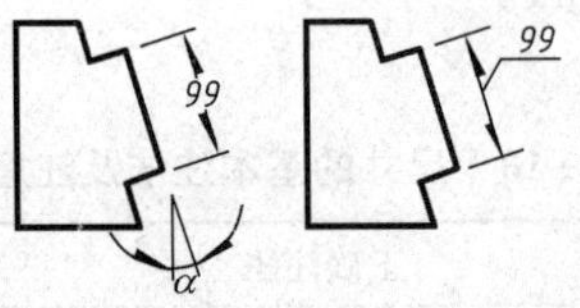	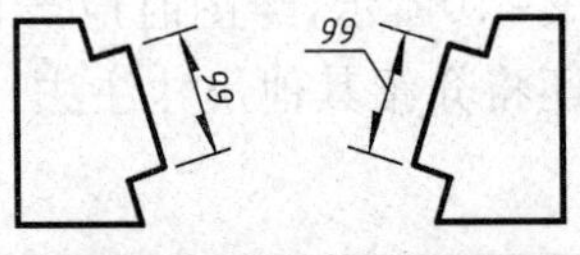 (a) 此注法仍可采用，但不推荐　(b) 此注法没有必要
尺寸数字的注写位置	1. 尺寸数字应依其读数方向注写在靠近尺寸线的上方中部 2. 当标注位置不足时，最外边的尺寸数字可注写在尺寸界线的外侧，中间相邻的尺寸数字可错开注写，也可以引出注写	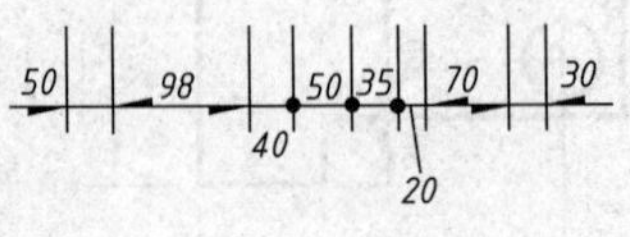	
	3. 尺寸数字应尽量避免与任何图线重叠，不可避免时应将数字处的图线断开	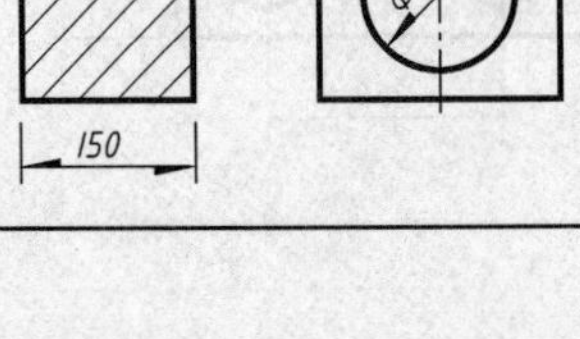	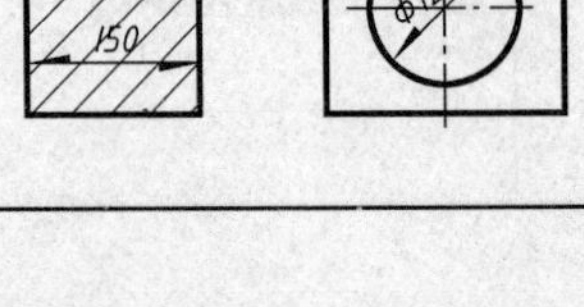

续上表

内容	说　明	正确注法	不当注法
圆	1. 圆应注直径，并在尺寸数字前加注"ϕ" 2. 一般情况下，尺寸线应通过圆心，两端画箭头指至圆弧，如图(a)所示 3. 也可以采用图(b)的注法 4. 当圆较小时，可将箭头和数字之一或全部移出圆外（注意不要因圆小而将箭头画小）	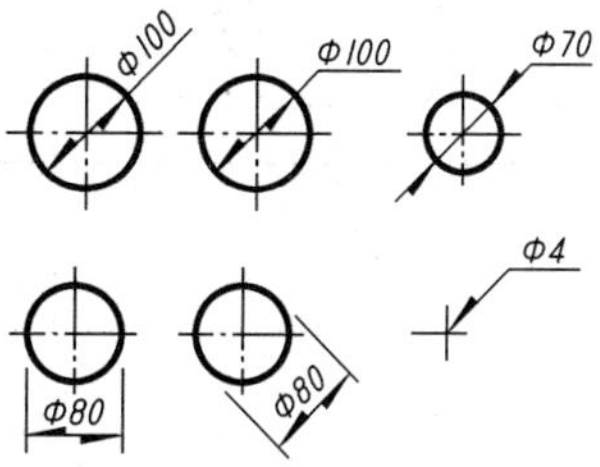	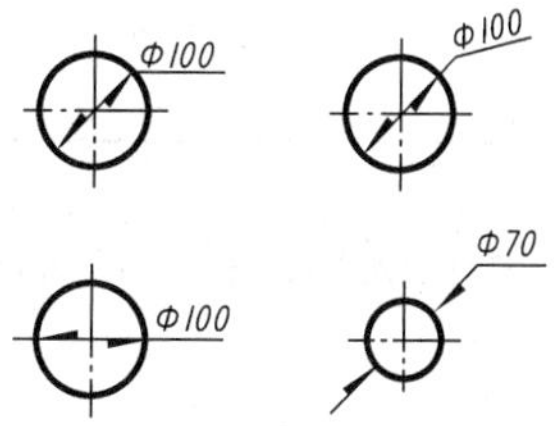
圆弧	1. 圆弧应注半径，并在尺寸数字前加注"R" 2. 尺寸线的一端从圆心开始，另一端用箭头指至圆弧 3. 当圆弧较小时，可将箭头和数字之一或全部移到圆弧外 4. 较大圆弧半径的注法如右图所示，图(a)表示圆心在点画线上；图(b)中尺寸线的延长线应通过圆心	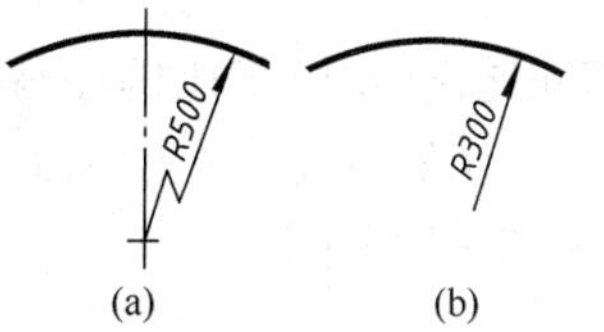	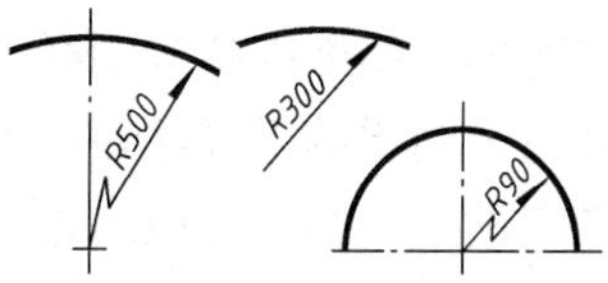
角度	1. 尺寸界线沿径向引出 2. 尺寸线画成圆弧，圆心是角的顶点 3. 起止符号为箭头，位置不够用时用圆点代替 4. 尺寸数字写在尺寸线上方中部	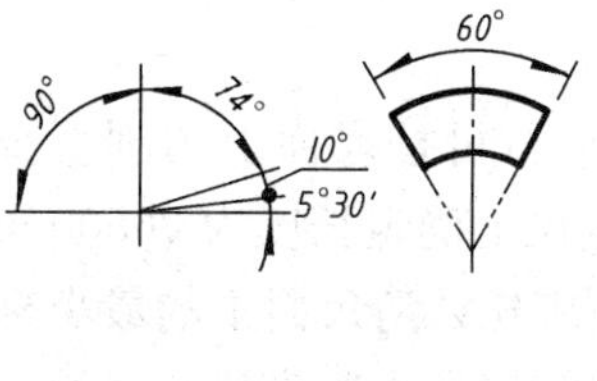	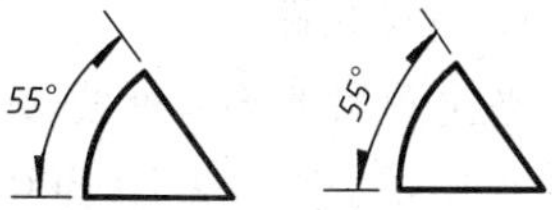

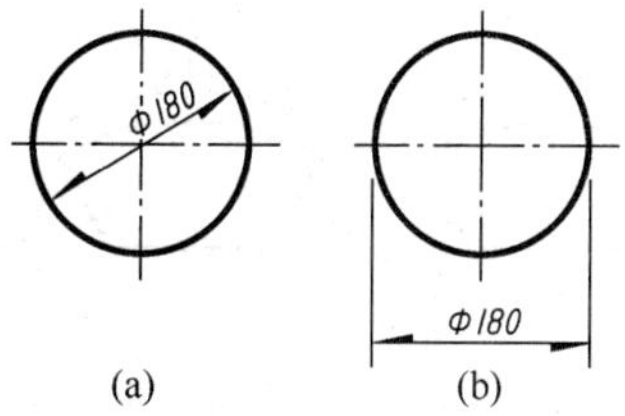

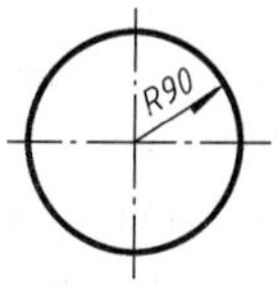

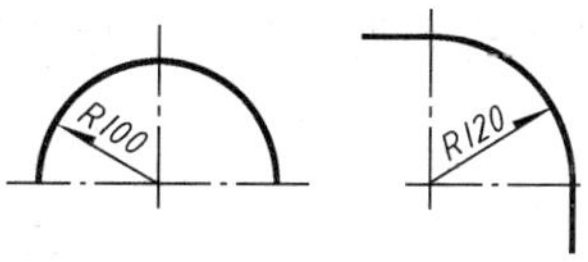

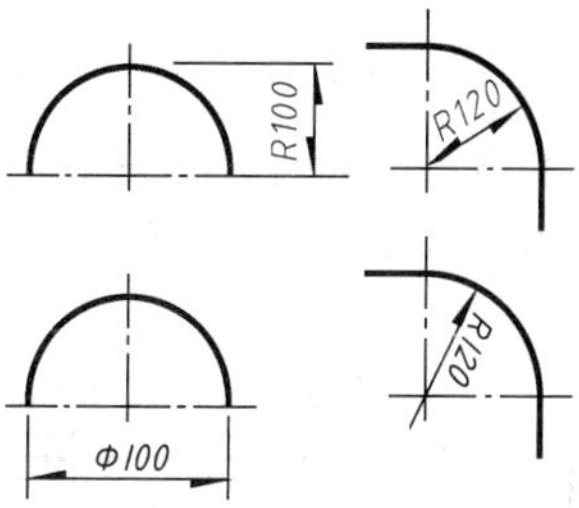

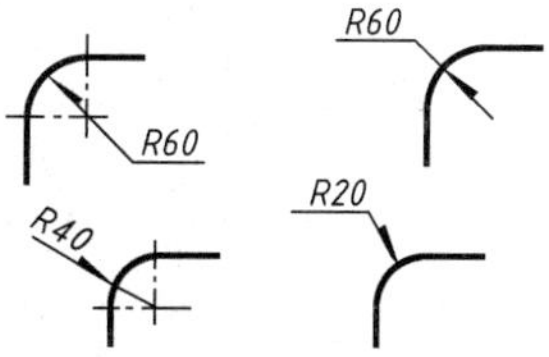

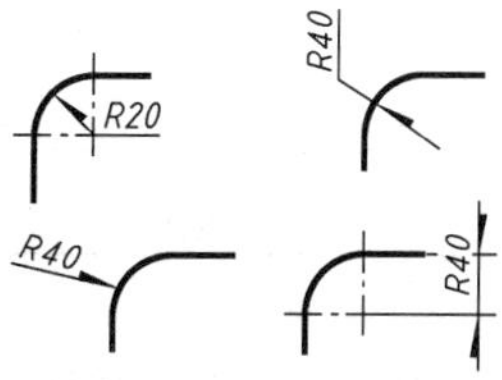

续上表

内容	说　明	正确注法	不当注法
弧长	1. 尺寸界线垂直于该圆弧的弦 2. 尺寸线用与该圆弧同心的圆弧线表示 3. 也可按图(b)标注(弧长数字上方加注圆弧符号)	245　　　⌒245 (a)　　　(b)	245
弦长	1. 尺寸界线垂直于该弦 2. 尺寸线平行于该弦	230	230

六、比例和比例尺的用法

（一）比　　例

图样不可能都按建筑物的实际大小绘制,常常需要按比例缩小,如图 1-2-7 所示。

图样的比例是指图形与实物相对应的线性尺寸之比。比例的大小是指比值的大小,如 1:50 大于 1:100。

绘图所用的比例,应根据图样的用途和被绘对象的复杂程度,从表 1-2-11 中选用,并优先选用表中的常用比例。

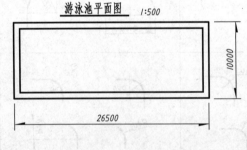

游泳池平面图　1:500

10000

26500

图 1-2-7　比例及比例的标注

表 1-2-11　绘图所用的比例

常用比例	1:1, 1:2, 1:5, 1:10, 1:20, 1:50, 1:100, 1:200, 1:500, 1:1000, 1:2000, 1:5000, 1:10000, 1:2000, 1:50000, 1:100000, 1:200000
可用比例	1:3, 1:15, 1:25, 1:30, 1:40, 1:60, 1:150, 1:250, 1:300, 1:400, 1:600, 1:1500, 1:2500, 1:3000, 1:4000, 1:6000, 1:15000, 1:30000

当同一图纸内的各图样采用相同比例时,应将比例注写在标题栏内;各图比例不相同时,应在每个图样的下方注写图名和比例,比例宜注写在图名右侧,字的底线取平,比例的字高应比图名的字高小一号或二号,如图 1-2-7 所示。

（二）比例尺的用法

为了提高作图效率,把常用的比例刻成比例尺,供作图时使用。工程制图所用的三棱比例尺有六种常用比例(一般为 1:100,1:200,1:300,1:400,1:500,1:600)。

1. 直接量距

当比例尺上刻有所需要的比例时,可按尺面上的刻度直接度量,不用作任何计算。如图 1-2-8 中,列举了在 1:500 的比例尺上确定长度为 26500 mm 的方法。因为在比例尺上只标注有较大的刻度值,所以**在度量前,应先认清尺面上的最小刻度值**。从图 1-2-8 可以看出,在 1:500 的比例尺上,一小格代表 0.5 m(最小刻度值)。

比例尺不能用来直接画线,因为那样做会损坏比例尺的刻度,画出的图线也不直、不光滑。

2. 比例变换

当尺面上没有所需要的比例时,可以通过比例变换的方法,将一个适当的比例尺改造成为一个新的比例尺,再直接量距。

例如将 1∶500 的比例尺变换成为 1∶250 的比例尺,用来绘制图 1-2-7所示的图形。

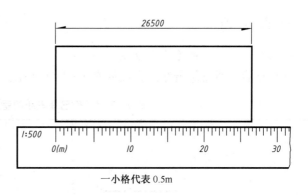

图 1-2-8 比例尺的用法

变换方法为:保持 1∶500 比例尺的刻度线不变,改变其刻度值。因为 500/250＝2,所以将 1∶500 尺面上的所有刻度值均除以 2,即得到 1∶250 的比例尺,再进行直接量距,如图 1-2-9所示。

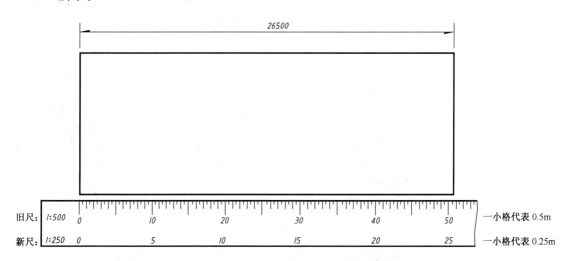

图 1-2-9 比例变换

比例变换的记忆方法:$\dfrac{旧尺比例后项}{新尺比例后项}=\dfrac{旧尺刻度值}{新尺刻度值}$。即:**"比例后项"放大几倍,新尺刻度值也放大几倍;"比例后项"缩小,新尺刻度值也相应缩小**(此规律成立的前提是新、旧尺比例前项均为1)。

尤其要注意,比例变换完成后,要重新认识最小刻度值,然后即可用新尺(1∶250)直接量距,而不必再考虑旧尺(1∶500)。

第三节 几何作图

本节介绍平面几何图形的作图方法。

几何图形是图样的主要组成部分,因此,必须掌握几何作图的基本方法和技巧,同时在保证图形正确的基础上,提高作图效率和图面质量。

一、直　线

(一)作已知直线的垂直平分线

作已知直线垂直平分线的方法如表1-3-1所示。

表1-3-1　作已知直线的垂直平分线

方法1:利用圆规、直尺作 AB 的垂直平分线 CD	(a)已知线段 AB	(b)分别以点 A、B 为圆心作弧得交点 C、$D\left(R>\dfrac{1}{2}AB\right)$	(c)连接 CD,则 CD 直线即垂直平分 AB
方法2:利用三角板作 AB 的垂直平分线 CD	(a)使三角板Ⅰ的一边与 AB 平行,然后保持板Ⅱ不动	(b)利用三角板Ⅱ求得 C 点,使 CAB 为等腰三角形,C 为其顶点	(c)作直线 $CD\perp AB$,则 CD 垂直平分 AB

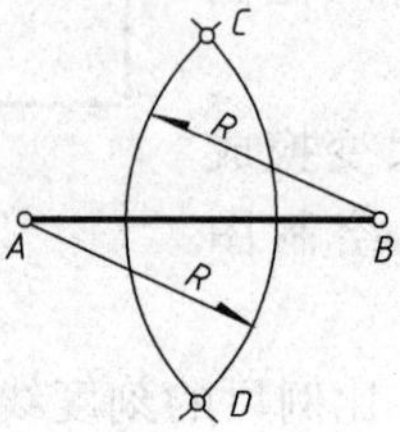

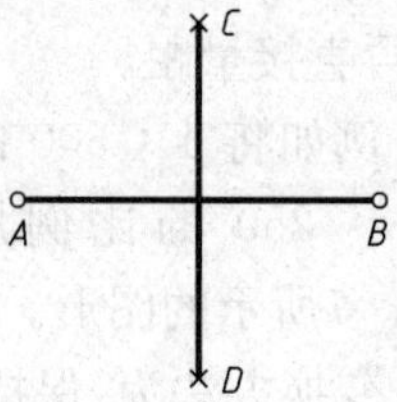

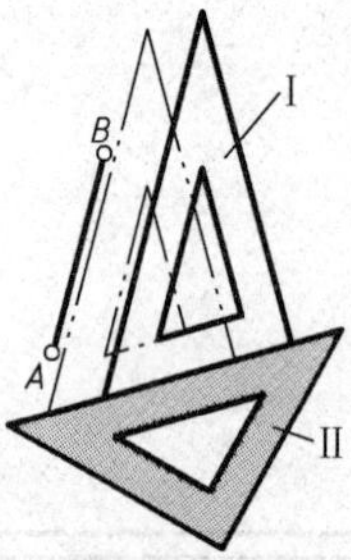

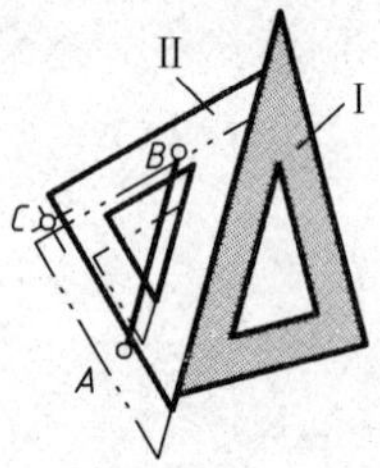

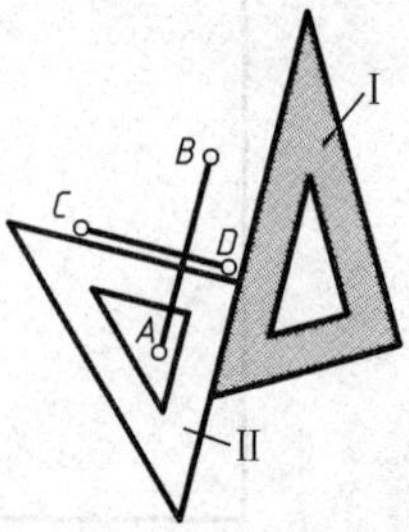

(二)等分直线

等分直线的方法如表1-3-2所示。

表1-3-2　等　分　直　线

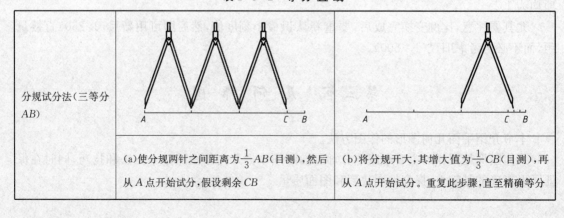

分规试分法(三等分 AB)	(a)使分规两针之间距离为 $\dfrac{1}{3}AB$(目测),然后从 A 点开始试分,假设剩余 CB	(b)将分规开大,其增大值为 $\dfrac{1}{3}CB$(目测),再从 A 点开始试分。重复此步骤,直至精确等分

续上表

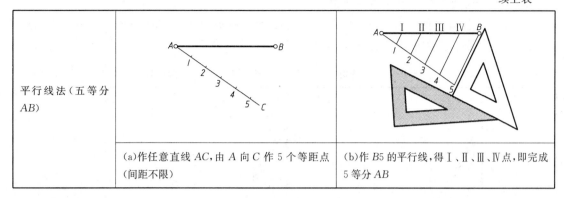

| 平行线法（五等分AB） | (a)作任意直线AC，由A向C作5个等距点（间距不限） | (b)作B5的平行线，得Ⅰ、Ⅱ、Ⅲ、Ⅳ点，即完成5等分AB |

在表1-3-2介绍的两种方法中，分规试分法适用于等分数较少的情况，一般试分两次即可保证精度，同时此法也适用于等分圆弧；使用平行线法时，应注意A5的长度与AB的长度不要相差太长。

表1-3-3介绍了用直尺（或三角板）等分两平行线间距离的方法，此法简明快捷。

表1-3-3　等分平行线间距离

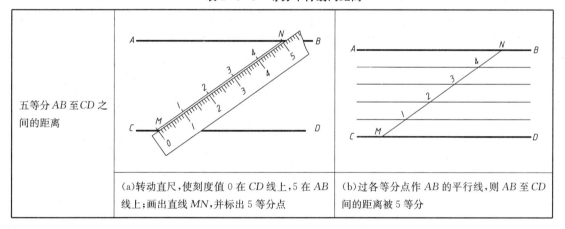

| 五等分AB至CD之间的距离 | (a)转动直尺，使刻度值0在CD线上，5在AB线上；画出直线MN，并标出5等分点 | (b)过各等分点作AB的平行线，则AB至CD间的距离被5等分 |

二、作正多边形

（一）作正方形

已知边长，画正方形的方法如表1-3-4所示。

表1-3-4　已知边长画正方形

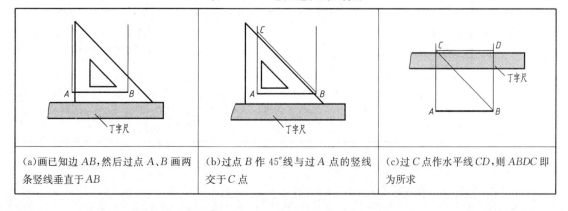

| (a)画已知边AB，然后过点A、B画两条竖线垂直于AB | (b)过点B作45°线与过A点的竖线交于C点 | (c)过C点作水平线CD，则ABDC即为所求 |

(二)等分圆周并作圆内接正多边形

1. 用三角板可以作 15° 的倍数角,因此,可以用三角板与丁字尺配合作圆内接正三、四、六、八、十二边形。其中正三、六边形的画法如表 1-3-5 所示。

表 1-3-5　作圆内接正三、六边形(用丁字尺、三角板)

作正三角形	作正六边形(方法一)	作正六边形(方法二)
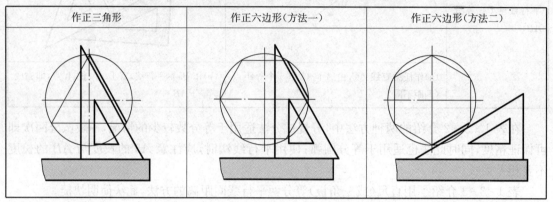		

2. 用圆规可以作圆内接正三、六、十二边形。其中正三、六边形的画法如表 1-3-6 所示。

表 1-3-6　作圆内接正三、六边形(用圆规)

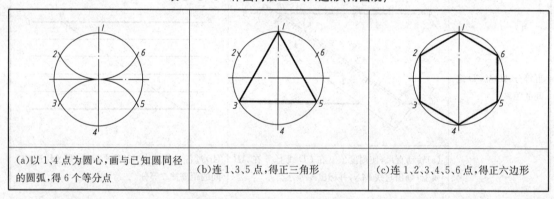		
(a)以 1、4 点为圆心,画与已知圆同径的圆弧,得 6 个等分点	(b)连 1、3、5 点,得正三角形	(c)连 1、2、3、4、5、6 点,得正六边形

3. 作圆内接正五边形。作圆内接正五边形的方法如表 1-3-7 所示。

表 1-3-7　作圆内接正五边形

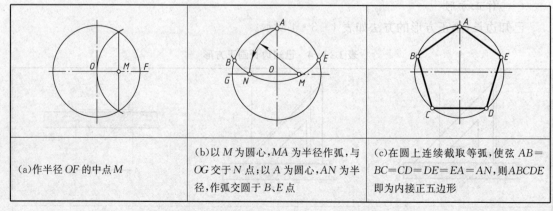		
(a)作半径 OF 的中点 M	(b)以 M 为圆心,MA 为半径作弧,与 OG 交于 N 点;以 A 为圆心,AN 为半径,作弧交圆于 B、E 点	(c)在圆上连续截取等弧,使弦 $AB=BC=CD=DE=EA=AN$,则 ABCDE 即为内接正五边形

4. 作圆内接任意正多边形。作圆内接任意正多边形的近似方法如表 1-3-8 所示。

表 1 - 3 - 8 作圆内接正七边形

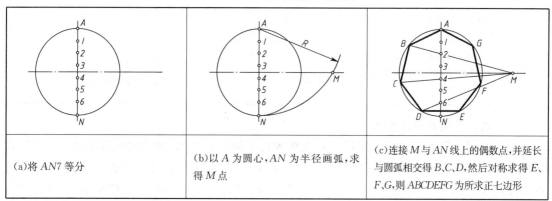

(a)将 AN7 等分	(b)以 A 为圆心, AN 为半径画弧,求得 M 点	(c)连接 M 与 AN 线上的偶数点,并延长与圆弧相交得 B、C、D,然后对称求得 E、F、G,则 ABCDEFG 为所求正七边形

三、坡　　度

坡度是指平面或直线对水平面的倾斜程度,坡度值的含义如图 1 - 3 - 1 所示。坡度的标注方法如图 1 - 3 - 2 所示,注意图中坡度数字下的箭头为单面箭头,并指向下坡方向。同一图样中的坡度注法应尽量统一。

<table>
<tr><td>

图 1 - 3 - 1 坡度概念
斜边 AC 的坡度值 =BC/AB

</td><td>

图 1 - 3 - 2 坡度的两种注法

</td><td>

图 1 - 3 - 3 扳手

</td></tr>
</table>

四、图线连接

图 1 - 3 - 3 所示是扳手的轮廓图。可以看出,在画物体的轮廓形状时,经常需要用圆弧将直线或其他圆弧光滑圆顺地连接起来,或者用直线将圆弧连接起来,这种情况称为图线连接。

(一)图线连接的基本原理

两条图线光滑连接的基本原理,就是保证两条线相切。相切的形式有两种,即直线与圆相切、圆与圆相切,如表 1 - 3 - 9 所示。

表 1 - 3 - 9 图线连接的基本原理

直线与圆相切	圆 与 圆 相 切	
	外　切	内　切

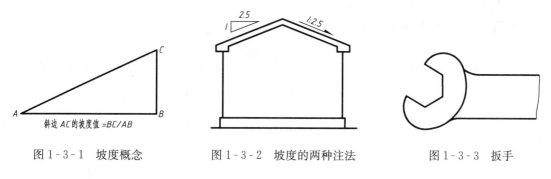

续上表

直线与圆相切	圆 与 圆 相 切	
	外　切	内　切
1. 圆心与直线的距离为 R 2. 切点 K 为过圆心向切线所作垂线的垂足	1. 圆心距为 R_1+R_2 2. 切点 K 在圆心连线上	1. 圆心距为 R_1-R_2 2. 切点 K 在圆心连线的延长线上

（二）图线连接的作图方法

通常是用已知半径的圆弧连接已知直线或已知圆弧,这个已知半径的圆弧称为连接弧。图线连接的类型多种多样,但其作图的基本方法是一样的,即根据图线连接的基本原理,首先求出连接弧的圆心和切点,然后作图。尤其要注意,切点就是连接点,必须准确求出,以保证两图线能光滑连接。

例题 1 - 3 - 1　作圆弧连接已知圆弧(外连)和已知直线,如表 1 - 3 - 10 所示。

分析:

1. 因为连接弧与已知弧外切,故两圆弧的圆心距为 R_1+R;因为连接弧与已知直线相切,故连接弧圆心与直线的距离为 R。因此,可以用轨迹法求得连接弧的圆心 O 点。

2. 求两个切点,并作出连接弧。

作图:作图的方法、步骤如表 1 - 3 - 10 所示。

表 1 - 3 - 10　作连接弧连接已知圆弧和直线

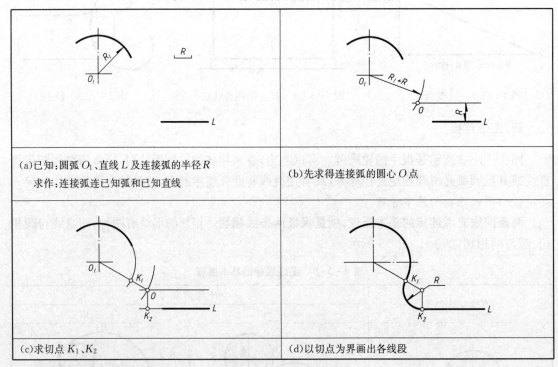

(a)已知:圆弧 O_1、直线 L 及连接弧的半径 R 　　求作:连接弧连已知弧和已知直线	(b)先求得连接弧的圆心 O 点
(c)求切点 K_1、K_2	(d)以切点为界画出各线段

图线连接的画法示例如表 1 - 3 - 11 所示。

为了使图线光滑连接,必须保证两线段在切点处相连,即切点是两线段的分界点。为此,应准确作图。当因作图误差致使两图线不能在切点处相连时,可通过微量调整圆心位置或连接弧半径,最终使图线在切点处相连。

表 1 - 3 - 11　图线连接的画法示例

连接类型	已知条件和求作要求	作 图 方 法	
作圆弧连接两垂直直线	(a)已知:垂直直线 L_1、L_2 及连接弧的半径 R 求作:连接弧	(b)以 L_1、L_2 的交点为圆心,以 R 为半径画弧,得切点 K_1、K_2	(c)分别以 K_1、K_2 为圆心,以 R 为半径画弧,其交点 O 为连接弧的圆心,然后画弧连线并描深
作圆弧连接两斜交直线	(a)已知:直线 L_1、L_2 及连接弧半径 R 求作:连接弧	(b)作分别与 L_1、L_2 平行且相距为 R 的直线,其交点 O 为连接弧圆心	(c)求切点 K_1、K_2,连线并描深
作圆弧连接两已知圆弧	(a)已知:圆弧 O_1、O_2 及连接弧的半径 R 求作:连接弧与 O_1 外切,与 O_2 内切	(b)以 O_1 为圆心,$R+R_1$ 为半径画弧,以 O_2 为圆心,$R-R_2$ 为半径画弧,交点 O 为连接弧的圆心	(c)求切点 K_1、K_2,连线并描深
作圆弧连接已知圆弧	(a)已知:圆弧 O_1、直线 L 及连接弧的半径 R 求作:连接弧与圆弧 O_1 外切,并使其圆心在 L 上	(b)以 O_1 为圆心,$R+R_1$ 为半径画弧,与 L 交于 O 点,则 O 点为所求连接弧的圆心	(c)求切点 K,以 O 为圆心,R 为半径画弧,与圆弧 O_1 相切,连线并描深

续上表

连接类型	已知条件和求作要求	作 图 方 法	

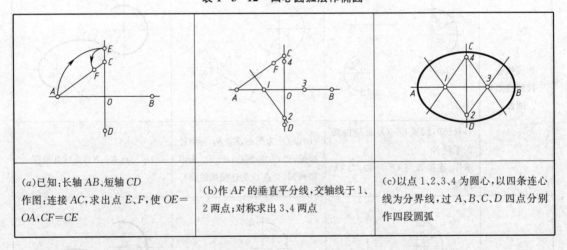

作直线连接两已知圆弧（简便画法）	(a)已知:圆弧 O_1、O_2 求作:连接直线与 O_1、O_2 圆弧外切	(b)使三角板Ⅰ的一个直角边与二圆相切(目测)，再使板Ⅱ紧贴板Ⅰ的斜边	(c)板Ⅱ不动，移动板Ⅰ，过 O_1、O_2 作切线的垂线，得两切点 K_1、K_2，连线并描深

（三）椭圆画法

目前尚没有适用的椭圆规用来画椭圆。作图时，常用数段光滑连接的圆弧近似地代替椭圆。表1-3-12所示为已知椭圆长短轴，用四心圆法画四段圆弧来表示椭圆。

表1-3-12　四心圆弧法作椭圆

(a)已知:长轴 AB、短轴 CD 作图:连接 AC，求出点 E、F，使 $OE=OA$，$CF=CE$	(b)作 AF 的垂直平分线，交轴线于1、2两点;对称求出3、4两点	(c)以点1、2、3、4为圆心，以四条连心线为分界线，过 A、B、C、D 四点分别作四段圆弧

五、平面图形的画法

绘制平面图形，一方面要求图形正确、美观，另一方面又要求作图迅速、熟练。为此，要养成先分析后作图的习惯，按照正确的作图顺序，高质量地绘制图样。

（一）平面图形的分析

在动手画平面图形之前，要先进行分析。分析的目的是确定图形的作图顺序，包括两个方面：一是要先确定图形的基准线，并进一步分析哪些是主要线段，哪些是次要线段，从而决定整体绘图的大致顺序；二是要搞清哪些线段能够直接画出来，哪些线段不能直接画出来，从而决定相邻线段的作图顺序。

图形分析包括尺寸分析和线段分析两方面的内容。

1. 尺寸分析

平面图形中的尺寸分为两大类：

(1)定形尺寸——确定平面图形各组成部分大小的尺寸。圆的直径、圆弧半径、线段长度及角度等都属于定形尺寸。例如图 1-3-4 中的 Φ30、R16、R14 及 52、6 等尺寸。

(2)定位尺寸——确定平面图形各组成部分相对位置的尺寸。如图 1-3-4 中的 36、100、76 等尺寸。尺寸 80 既是定形尺寸(图形下部总长度)，又是定位尺寸(确定 R14 的圆弧位置)。

在平面图形中，应确定水平和垂直两个方向的基准线，它们既是定位尺寸的起点，又是最先绘制的线段。通常选图形的重要端线、对称线、中心线等作为基准线，如图 1-3-4 所示。

尺寸分析是线段分析的基础。

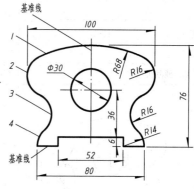

图 1-3-4　平面图形

2. 线段分析

平面图形中的线段，根据所给定的尺寸可分为三种：

(1)已知线段——具备完整的定形尺寸和定位尺寸，可以直接画出的线段。如图 1-3-4 中的直线段、Φ30 的圆和线段 1、4 等。

(2)中间线段——需要通过与一条已知线段相连接才能画出的线段。如图 1-3-4 中的线段 2，只有先画出线段 1，才能画出线段 2。

属于中间线段的圆弧，通常仅具备定形尺寸(半径)和一个定位尺寸。

(3)连接线段——根据与前后两端的已知线段均相连接的关系，才能画出的线段。如图 1-3-4 中的线段 3，必须先画出线段 2 和 4，才能画出线段 3。

仅有半径尺寸而没有定位尺寸的圆弧，为连接线段。

作图时，总是先画已知线段，再画中间线段，最后画连接线段。

应当说明，通常平面图形的大部分线段属于已知线段，对这些线段仍应进行分析，确定合理的作图顺序，以利提高图样的质量和作图效率。

(二)绘图步骤

下面以图 1-3-4 为例，介绍绘制平面图形的一般步骤。

1. 图形分析

通过尺寸分析和线段分析，确定作图的基准线和绘图顺序。

2. 绘制底稿

(1)根据图形的大小和复杂程度，确定图幅和比例，画出图框和标题栏。

(2)布图[表 1-3-13(a)]。要周密考虑图样(包括图形和尺寸)在图纸上的位置，作到布图匀称。画出基准线后即完成布图。

(3)按照预定的作图顺序画出图形[表 1-3-13(b)、(c)、(d)]。

表 1-3-13　平面图形的画图步骤

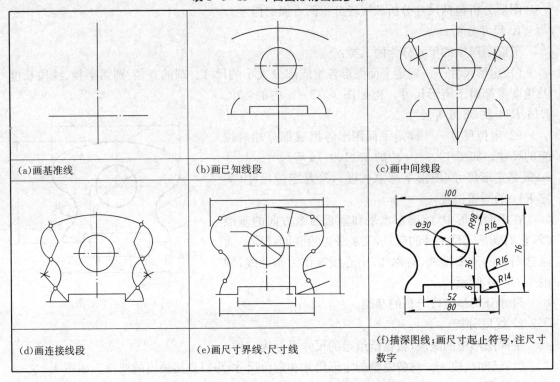

| (a)画基准线 | (b)画已知线段 | (c)画中间线段 |
| (d)画连接线段 | (e)画尺寸界线、尺寸线 | (f)描深图线;画尺寸起止符号,注尺寸数字 |

（4）注尺寸[表 1-3-13(e)]。仅需要画出尺寸界线和尺寸线。尺寸起止符号和数字在描深阶段一次完成。

（5）检查图样，修改错误。

3. 描深图样[表 1-3-13(f)]

（1）应根据需要上墨或铅笔描深。描深次序为：

①先曲线后直线，先粗线后细线，先实线后虚线、最后画点画线。

②先上方后下方，先左方后右方，先水平后垂直。

同类线成批画，同方向线集中画。

最后画尺寸起止符号并填写数字、文字。

（2）描深注意事项：

对于铅笔图，应在描深之前将多余的底稿线擦净；对墨线图，可在上墨后再擦除底稿线，以防纸面起毛造成洇墨。

图 1-3-5　描深粗实线

要注意保持同类线型的宽度一致。另外，粗实线的中心位置应与底稿线重合，如图 1-3-5 所示。

铅笔描深时，尺寸线、尺寸界线、中心线等各类细线仍要描深，以保证图样中各类图线的深度大体一致。

4. 图样修饰

用橡皮擦掉错线，并擦干净图纸。对于画错的墨线，可以用刀片轻轻刮除。

图线的结合处不够美观时,可用铅笔或绘图钢笔进行修饰。

（三）平面图形尺寸的注法

1. 平面图形的尺寸标注要求

（1）正确——尺寸标注符合制图标准的规定。

（2）完整——尺寸必须齐全,不能遗漏。同时在尺寸数量上应力求简洁。

（3）清晰——尺寸要注在图形的最明显处,且布置整齐,便于看图。

2. 标注尺寸的步骤

（1）确定尺寸基准。

（2）标注定形尺寸。

（3）标注定位尺寸。

3. 平面图形的一些尺寸注法和注意事项

尺寸注法和注意事项如表 1 - 3 - 14 所示。

表 1 - 3 - 14　平面图形的尺寸标注示例

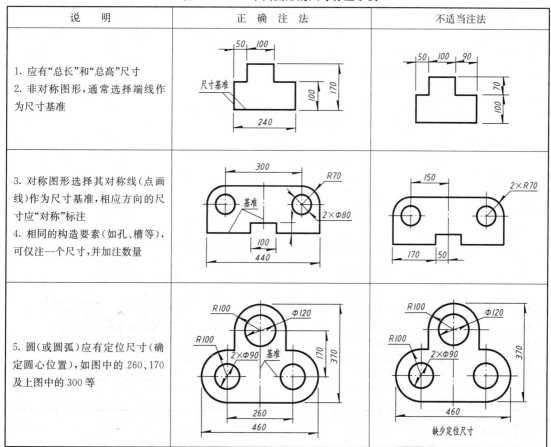

说　明	正　确　注　法	不适当注法
1. 应有"总长"和"总高"尺寸 2. 非对称图形,通常选择端线作为尺寸基准		
3. 对称图形选择其对称线（点画线）作为尺寸基准,相应方向的尺寸应"对称"标注 4. 相同的构造要素（如孔、槽等）,可仅注一个尺寸,并加注数量		
5. 圆（或圆弧）应有定位尺寸（确定圆心位置）,如图中的 260、170 及上图中的 300 等		

六、徒手作图

在实物测绘、工程设计和技术交流过程中,常需要徒手快速作图。因此,徒手作图是工程技术人员一种不可缺少的基本功。

（一）基本要领

图纸不必固定,可根据需要转动。握笔姿势要轻松,画线也不必过于用力,线条要舒展。

图形的比例通过目测控制。

（二）作图方法

徒手作图的基本方法和技巧如表 1 - 3 - 15 所示。

表 1 - 3 - 15　徒手作图的基本方法

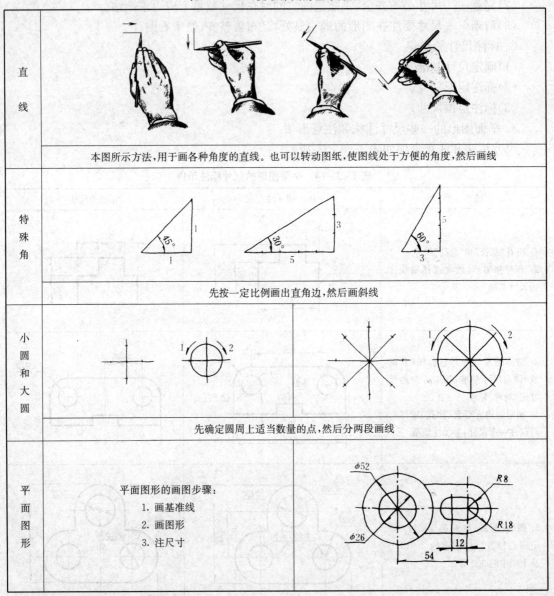

直线	本图所示方法，用于画各种角度的直线。也可以转动图纸，使图线处于方便的角度，然后画线
特殊角	先按一定比例画出直角边，然后画斜线
小圆和大圆	先确定圆周上适当数量的点，然后分两段画线
平面图形	平面图形的画图步骤：1. 画基准线　2. 画图形　3. 注尺寸

（三）注意事项

徒手画的图又叫草图。但草图不是潦草的图样。草图表达的内容与仪器图一样，并常作为仪器图的依据。因此画草图时，图线要尽量符合规定，做到直线平直、曲线光滑、线型分明。图形要完整、清晰，各部分比例恰当，尺寸数字工整。较复杂的图仍应分画底稿和描深两步进行。

第二章

投 影 基 础

工程图样是应用投影的方法绘制的。本章介绍正投影法的原理与基本性质,三面投影图的形成与规律,体表面上点、直线、平面的投影特征。

第一节　正 投 影 法

一、投影法的基本概念和分类

（一）基本概念

在日常生活中,我们经常可以看到物体在灯光或阳光照射下出现影子,如图 2-1-1 所示,这就是投影现象。

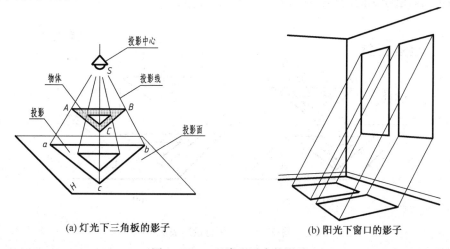

(a)灯光下三角板的影子　　　　　　(b)阳光下窗口的影子

图 2-1-1　日常生活中的影子

影子在一定条件下能反映物体的外形和大小,使人们想到用投影图来表达物体,但随着光线和物体相互关系的改变,影子的大小和形状也有变化,且影子往往是灰暗一片的。而生产上所用的图样要求能准确明晰的表达出物体各部分的真实形状和大小,为此,人们对投影现象进行了科学总结,逐步形成了投影方法。

如图 2-1-1(a)所示,光源 S 称投影中心,$\triangle ABC$ 称空间形体,SA、SB、SC 称投影线(可穿透形体),地面或墙面称投影面,各投影线与投影面的交点 a、b、c,称为 $\triangle ABC$ 各角点的投影,$\triangle abc$ 称为 $\triangle ABC$ 的投影。

在平面(纸)上绘出形体的投影,以表示其形状和大小的方法,称为投影法。

（二）投影法的分类

投影法一般可分为中心投影法和平行投影法两类。

1. 中心投影法

如图 2-1-1(a)所示,投影线自一点引出,对形体进行投影的方法,称中心投影法。用中心投影法得到的投影,其形状和大小是随着投影中心、形体、投影面三者相对位置的改变而变化的,一般多用于绘制建筑透视图,如图 2-1-2 所示。

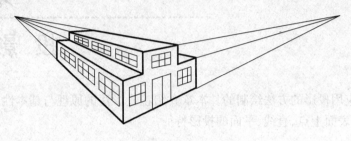

图 2-1-2 透视图

2. 平行投影法

如图 2-1-3 所示,投影线相互平行对形体进行投影的方法,称平行投影法。

平行投影法按投影线与投影面的交角不同,又分为:

(1)斜投影法。投影线倾斜于投影面的投影法,如图 2-1-3(a)所示。

(2)正投影法。投影线垂直于投影面的投影法,如图 2-1-3(b)所示。

利用正投影法绘制的图样称正投影图,简称正投影。

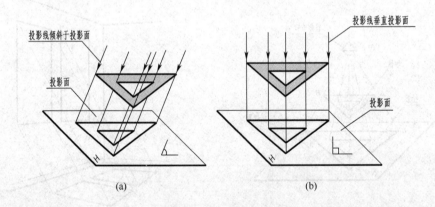

(a)   (b)

图 2-1-3 平行投影法

当形体的主要面平行于投影面时,其正投影图能真实地表达出形体上该面的形状和大小,因而正投影图便于度量尺寸,便于画图,是工程上常采用的一种图示方法。本书所述的投影,如无特殊说明,均为正投影。

二、正投影的基本性质

(1)显实性。平行于投影面的直线段或平面图形,其投影能反映实长或实形,又称全等性,如图 2-1-4(a)所示。

(2)积聚性。垂直于投影面的直线段或平面图形,其投影积聚为一点或一条直线。直线上的点或面上的点、线或图形等,其投影分别积聚在直线或平面的投影上,如图 2-1-4(b)所示。

(3)类似性。倾斜于投影面的直线段或平面图形,其投影短于实长或小于实形(但与空间图形类似),如图 2-1-4(c)所示。

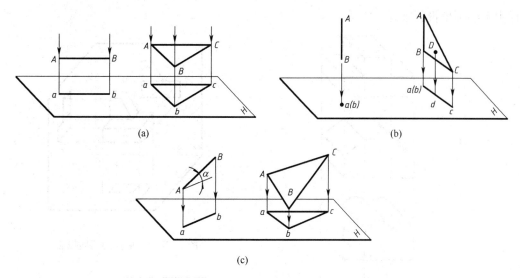

图 2-1-4 正投影的基本性质

第二节 形体的三面投影图

任何形体都具有长、宽、高三个尺寸,怎样才能在图纸上表达出空间形体,这是绘图中首先需要解决的问题。为了叙述方便,将形体左右间的距离定为长,前后为宽,上下为高。

一、形体三面投影图的形成

(一)形体的单面投影

形体的投影就是通过形体各个角点投影的总和,也即构成形体的面及棱线投影的总和。但只画出形体的一个投影是不能全面地表达出其空间形状和大小的,如图 2-2-1 所示,图中几个形体的单面投影相同,而空间形状各异,因此,一般需从几个方向进行投影,才能确定形体唯一的形状和大小。

(二)形体的三面投影

为了使投影图能表达出形体长、宽、高各个方面的形状和大小,我们首先建立一个由三个相互垂直的平面组成的三投影面体系,如图 2-2-2 所示,在此体系中呈水平位置的称水平投影面(简称水平面或 H 面);呈正立位置的称正立投影面(简称正面或 V 面);呈侧立位置的称侧立投影面(简称侧面或 W 面)。三个投影面的交线 OX、OY、OZ 称投影轴,它们相互垂直并分别表示长、宽、高三个方向。三个投影轴交于一点 O,此点称为原点。然后把形体放在该体系中,并使形体的主要面分别与三个投影面平行,由前向后投影得到正面投影(V 面投影),由上向下投影得到水平投影(H 面投影),由左向右投影得到侧面投影(W 面投影)。

为了把处在空间位置的三个投影图画在纸上,需将三个投影面展开。展开时使 V 面保持不动,H 面和 W 面沿 Y 轴分开,分别绕 OX 轴向下、绕 OZ 轴向右各转 $90°$,使三个投影摊开在一个平面上。展开后 OY 轴分为两处,在 H 面上的标以 OY_H;在 W 面上的标以 OY_W,如图 2-2-3 所示。

由于投影图与投影面的大小无关,展开后的三面投影图一般不画出投影面的边框。其位置关系为:水平投影位于正面投影的下方;侧面投影位于正面投影的右方,如图 2-2-4 所示。在工程图上称 V 面投影为**正立面图**;H 面投影为**平面图**;W 面投影为**左侧立面图**。应注意,三面投影图与投影轴的距离,只反映形体与投影面的距离,与形体的形状和大小无关,故工程图样中不必画出投影轴。

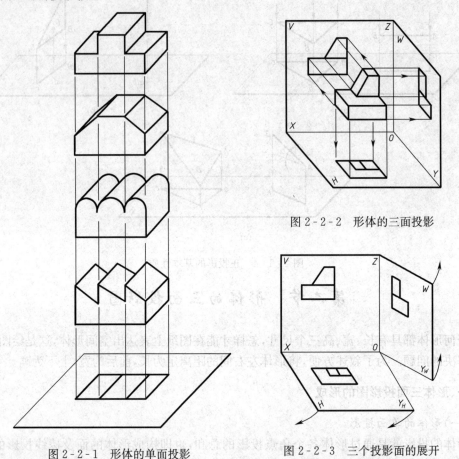

图 2 - 2 - 1　形体的单面投影

图 2 - 2 - 2　形体的三面投影

图 2 - 2 - 3　三个投影面的展开

二、三面投影图的规律

分析三面投影图的形成过程,如图 2 - 2 - 3 和图 2 - 2 - 4 所示,可以总结出三面投影图的基本规律,如图 2 - 2 - 5 所示。

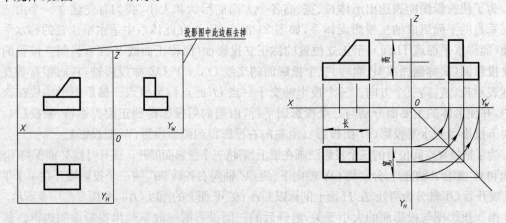

图 2 - 2 - 4　形体的三面投影图　　　图 2 - 2 - 5　三面投影图的基本规律

由于正面投影、水平投影都反映了形体的长度,且 H 面又是绕 X 轴向下旋转摊平的,所以形体上所有的线(面)的正面投影、水平投影应当左右对正;同理,由于正面投影、侧面投影都反映了形体的宽度,形体上所有的线(面)的正面投影、侧面投影应当上下对齐;水平投影和侧面投影都反映了形体的宽度,形体上所有的线(面)的水平投影、侧面投影的宽度分别相等。上述三面投影的基本规律可以概括为三句话:"**长对正、高平齐、宽相等**"(简称"**三等**"关系)。

在三面投影图的基本规律中,"长对正"、"高平齐"较为直观,"宽相等"的概念,初学者不易建立,原因是在投影面展开时,H 面和 W 面是分别绕着两根相互垂直的轴旋转、摊平的,在水平投影中,形体的宽度变成了垂直方向,而在侧面投影中,形体的宽度则为水平方向,这个概念如联系 Y_H 轴和 Y_W 轴的方向,可以较快地建立起来。

作图时,形体的宽度常以原点 O 为圆心画圆弧,或利用从原点 O 引出的 45°线来相互转移,如图 2-2-5 所示。

空间形体有上、下、左、右、前、后六个方位,这六个方位在三面投影图中可以按图 2-2-6 所示的方向确定。

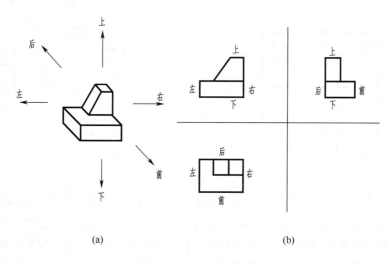

(a)   (b)

图 2-2-6 形体的六个方位

形体的上、下、左、右方位明显易懂,而前、后方位则不直观,分析其水平投影和侧面投影可以看出,"**远离正面投影的一侧是形体的前面**"。

掌握三面投影图中空间形体的方位关系和"三等"关系,对绘制和识读投影图是极为重要的。

三、三面投影图的画法和尺寸标注

工程制图主要是研究如何运用投影来表达空间形体的。画形体的三面投影图,就是运用上述投影原理、投影特性及三面投影的基本规律,对形体进行分析,由理论到实践的过程。

例题 2-2-1 根据形体的直观图,画其三面投影图,并标注尺寸,如图 2-2-7 所示。

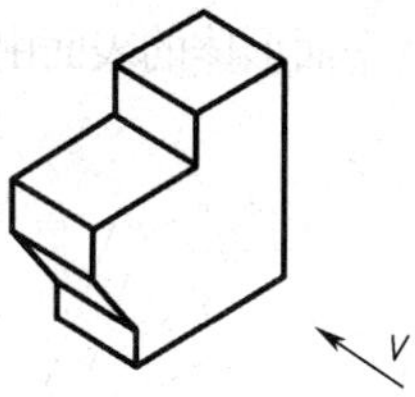

分析:作投影图时,应使正面投影较明显的反映形体的外形特征,故将形体具有特征的一面平行 V 面,并照顾其他投影图的虚线尽量少。图 2-2-7 中箭头所示为正面投影的方向,此时反映形体特征的前、后面平行 V 面,正面投影反映实形,形体的其他表面垂直 V 面,其正面投影均积聚在前、后面投影的轮廓线上,同理,可分析 H 面、W 面的投影。

图 2-2-7 形体直观图

作图:一般先从反映实形的投影作起,再依据三面投影规律画出其他投影。方法、步骤如

表2-2-1所示。

表 2-2-1　画三面投影图的方法、步骤

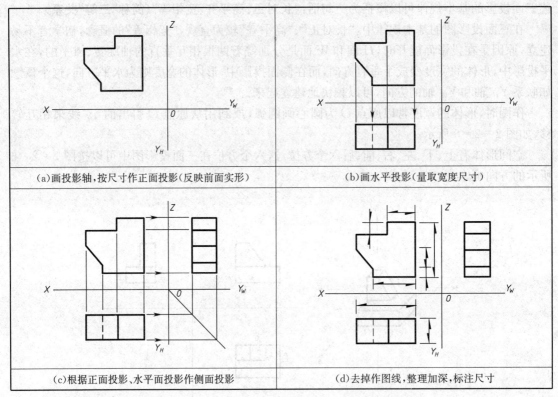

(a)画投影轴,按尺寸作正面投影(反映前面实形)	(b)画水平投影(量取宽度尺寸)
(c)根据正面投影、水平面投影作侧面投影	(d)去掉作图线,整理加深,标注尺寸

在投影图中,需注出形体的长、宽、高三个方向的大小及有关部分的位置尺寸。在正面投影中可标注形体的长度和高度,在水平投影中可标注长度和宽度,在侧面投影中可标注其高度和宽度,但同一尺寸不必重复,且尺寸最好注在反映实形和位置关系明显的投影图上。如表2-2-1(d)所示,因正面投影反映形体特征,其长、高尺寸大都注在该投影中;为方便读图,其长度尺寸注在正面投影、水平投影之间,高度尺寸则注在正面投影、侧面投影之间,而且尺寸尽量标注在图形之外。实际上每个投影图均为一个平面图形,尚可参照第一章中"平面图形"尺寸注法的有关规则进行标注。

第三节　体表面上点、直线、平面的投影

平面形体的表面由点、直线(段)、平面(线框)组成。分析这些几何元素的投影特性,掌握其投影规律,是掌握复杂形体的投影规律的基础。

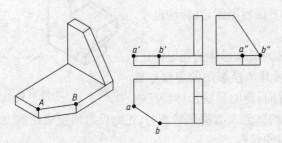

图 2-3-1　点的投影

一、点的投影

如图2-3-1所示,A点的三面投影分别记为a、a'、a''。B点的三面投影分别记为b、b'、b''。

点的投影同样符合前面所述的"三等关系",即正面投影与水平投影在长度方向

上"对正",正面投影与水平投影在高度方向上"平齐",平面投影与侧面投影在宽度方向上位于物体相应的位置。

形体上两点之间的位置关系,也在其投影图中得到反映。如图2-3-1中A点位于B的左面、后面,两点同高度。在三面投影图中也反映出这三个方向上的位置关系。

二、直线的投影

直线的投影是直线端点投影的连线。如图2-3-1所示,A、B两点同面投影的连线ab、a'b'、a"b"就是直线AB的三面投影。

根据直线在投影面中所处不同的位置,其投影具有不同的特点,并且具有规律性。

(一)投影面垂直线的投影

垂直于某一个投影面的直线称为投影面垂直线。该线同时平行于另两个投影面。

投影垂直线分为:

(1)正面垂直线(正垂线)——与正面垂直,与水平面和侧面平行,如图2-3-2(a)中的AB。

(2)水平面垂直线(铅垂线)——与水平面垂直,与正面和侧面平行,如图2-3-2(b)中的CD。

(3)侧面垂直线(侧垂线)——与侧面垂直,与正面和水平面平行,如图2-3-2(c)中的EF。

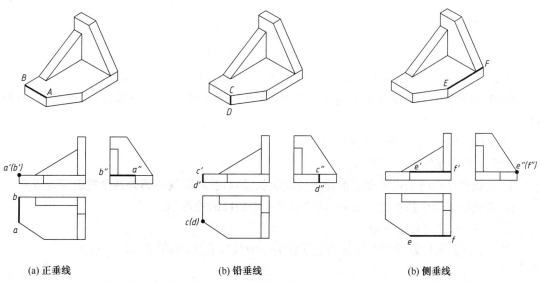

(a) 正垂线　　　　　　　　　(b) 铅垂线　　　　　　　　　(b) 侧垂线

图2-3-2 投影面垂直线的投影

图2-3-2中,AB垂直于正面,因此其正面投影积聚为一点,同时另两个投影垂直于相应的投影轴;AB平行于水平面和侧面,因此在这两个面上的投影反映实长。

直线CD、EF具有类似的投影特征。

投影面垂直线的投影特征为:

1. 直线在所垂直的投影面上的投影积聚成一点;

2. 直线的另外两个投影反映实长,且分别垂直于相应的投影轴。

(二)投影面平行线的投影

平行于某一投影面且倾斜于其他两个投影面的直线称为投影面平行线。

投影面平行线分为：

(1)正面平行线(正平线)——与正面平行,如图 2-3-3(a)中的 AB。

(2)水平面平行线(水平线)——与正面平行,如图 2-3-3(b)中的 CD。

(3)侧面平行线(侧平线)——与正面平行,如图 2-3-3(c)中的 EF。

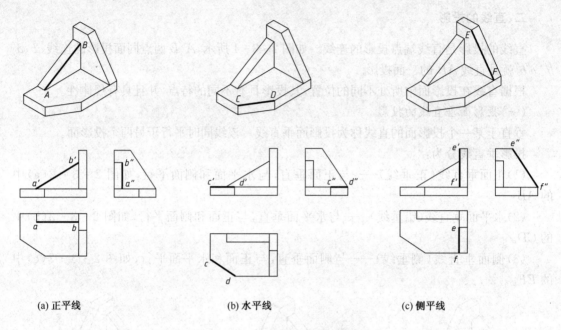

| (a) 正平线 | (b) 水平线 | (c) 侧平线 |

图 2-3-3　投影面平行线的投影

图 2-3-3(a)中,AB 平行于正面,因此其正面投影反映实长,同时反映 AB 与另两个投影面的倾角(显实性);AB 倾斜于另两个投影面,因此这两个投影仍为直线,但长度变短(类似性)。

直线 CD、EF 具有类似的投影特征。

投影面平行线的投影特征为:

1. 直线在所平行的投影面上的投影反映实长,同时反映直线对另外两个投影面的倾角;

2. 直线的另两个投影比实长短,其分别平行于相应的投影轴。

(三)一般位置直线的投影

对三个投影面均处于倾斜位置的直线称为一般位置直线,如图 2-3-4 所示。

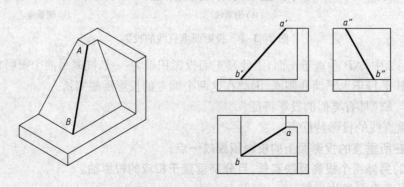

图 2-3-4　一般位置直线的投影

一般位置直线的投影特征为：

1. 三个投影均为直线，且比实长短；

2. 三个投影均与投影轴倾斜。

（四）直线投影图的识读

根据上述对三种位置直线投影特征的分析，可以总结出根据投影图判断直线空间位置的一些规律：

1. 有一个投影为点的直线是投影面垂直线；

2. 有两个投影都平行于投影轴的直线是投影面垂直线；

3. 有一个投影平行于投影轴，另一个倾斜投影轴的直线是投影面平行线；

4. 有两个投影都倾斜于投影轴的直线是一般位置直线。

例题 2 - 3 - 1 如图 2 - 3 - 5(a)所示，已知直线 AB、CD 的两面投影，判断其空间位置，并标出其第三投影。

分析：直线 AB 的正面投影积聚为一个点，因此 AB 直线为正垂线，水平投影 ab 表明了直线在宽度方向上的位置和尺寸；直线 CD 的水平投影 cd 平行于 x 轴，正面投影 $c'd'$ 倾斜于 x 轴，是正平线。

作图：如图 2 - 3 - 5(b)所示。

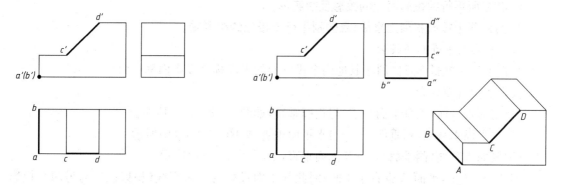

(a) 直线 AB、CD 的两面投影   (b) 直线 AB、CD 的三面投影和空间位置

图 2 - 3 - 5 直线投影图的识读

三、平面的投影

（一）投影面平行面的投影

平行于某一投影面的平面称为投影面平行面。该面同时垂直于另外两个平面。

投影面平行面分为：

（1）正面平行面（正平面）——与正面平行，与水平面、侧面垂直，如图 2 - 3 - 6(a)所示。

（2）水平面平行面（水平面）——与水平面平行，与正面、侧面垂直，如图 2 - 3 - 6(b)所示。

（3）侧面平行面（侧平面）——与侧面平行，与正面、水平面垂直，如图 2 - 3 - 6(c)所示。

图 2 - 3 - 6 中，平面 A 平行于正面，因此其正面投影反映实形（显实性）；A 垂直于另两个投影面，因此其另两个投影积聚为直线（积聚性）。同时 A 的另两个投影平行于相应的投影轴。

平面 B、C 具有类似的投影特征。

投影面平行面的投影特征为：

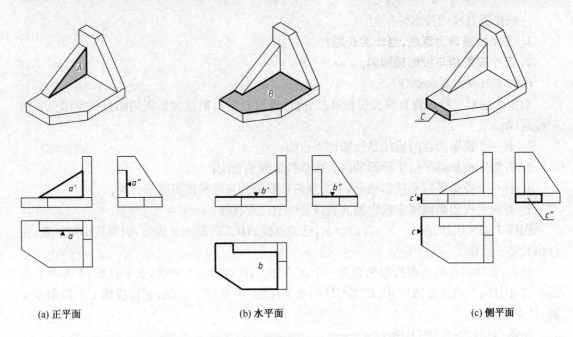

(a) 正平面   (b) 水平面   (c) 侧平面

图 2-3-6　投影面平行面的投影

1. 在它所平行的投影面上的投影反映实形；

2. 另外两个投影积聚为直线，且分别平行于相应的投影轴。

(二)投影面垂直面的投影

垂直于某一投影面且倾斜于其他两个投影面的平面称为投影面垂直面。

投影面垂直面分为：

(1)正面垂直面(正垂平面)——与正面垂直，如图 2-3-7(a)所示。

(2)水平面垂直面(铅垂面)——与水平面垂直，如图 2-3-7(b)所示。

(3)侧面垂直面(侧垂面)——与侧面垂直，如图 2-3-7(c)所示。

图 2-3-7 中，平面 A 垂直于正面，因此其正面投影为一条直线(积聚性)；与另两个投影

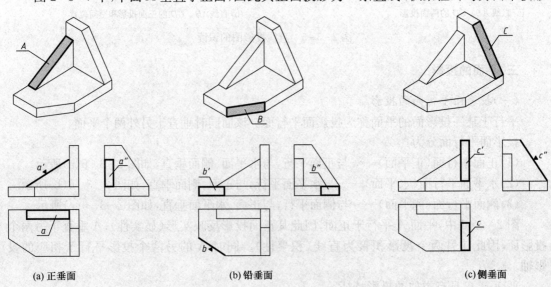

(a) 正垂面   (b) 铅垂面   (c) 侧垂面

图 2-3-7　投影面垂直面的投影

面倾斜,因此这两个投影为 A 的相似形(积聚性)。

平面 B、C 具有类似的投影特征。

投影面垂直面的投影特征为:

1. 在它所垂直的投影面上的投影积聚成一条直线,此线与投影轴的夹角反映该平面对另外两个投映面倾角的真实大小;

2. 另外两个投影为类似形。

（三）一般位置平面的投影

对三个投影面均处于倾斜位置的平面称为一般位置平面,如图 2-3-8 中的 A 面。

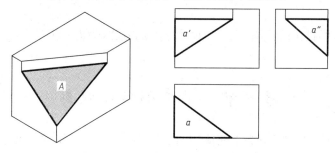

图 2-3-8 一般位置平面的投影

一般位置平面的投影特征为:**三面投影均为类似形**。

（四）平面投影图的识读

根据上述对三种位置平面投影特征的分析,可以总结出根据投影图判断平面空间位置的一些规律:

1. 有一个投影为直线且平行于投影轴的平面是投影面平行面;

2. 有一个投影为直线且倾斜于投影轴的平面是投影面垂直面;

3. 有两个投影都是平面图形的平面是投影面垂直面或一般位置平面。

例题 2-3-2 如图 2-3-9(a)所示,已知平面 A、B 的正面投影,判断其空间位置,并标出其另两投影。

分析:平面 A 的正面投影为一个多边形线框,对应的水平投影为一条水平直线,因此是正平面,位于形体的最前面,其侧面投影是一条竖直线;平面 B 的正面投影为一条斜线,因此是正垂面,其对应的另两个投影均为矩形线框。

作图:如图 2-3-9(b)所示。

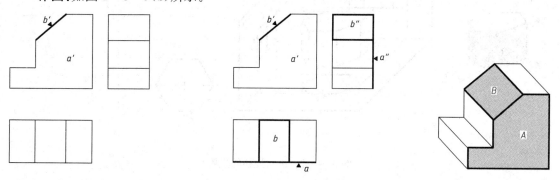

(a) 平面 A、B 的正面投影　　　　　　　　(b) 平面 A、B 的三面投影和空间位置

图 2-3-9 平面投影图的识读

第三章
体 的 投 影

本章学习形体图投影的绘制、识读和尺寸标注的方法,为进一步学习工程图样打下重要的基础。

第一节　简单形体的投影

按表面性质不同,形体可分为平面体和曲面体两大类。如果形体表面全部由平面构成,则称为平面体;如果形体表面有曲面部分,则称为曲面体。

形体的投影由其表面的投影来表示。平面体的投影就是其表面上棱线投影的集合;而对于曲面体,其表面上曲面部分的投影要按特定的画法绘制。

一、平面体的投影

(一)棱柱体的投影

图3-1-1为正六棱柱的直观图和投影图。该体上下底面是全等的正六边形且为水平面,各侧面是全等的矩形,前后侧面为正平面,左右侧面为铅垂面。

从图3-1-1(b)中可以看出,其水平投影为一正六边形,它是上下底面的投影(重影),且反映实形;六边形的各边为六个侧面的积聚投影;六个角点是六条侧棱的积聚投影。

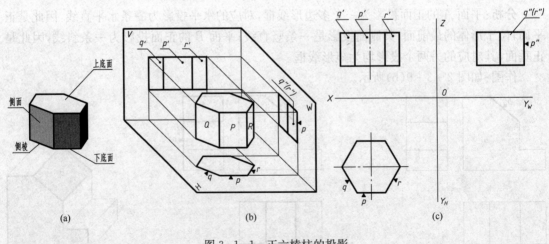

图3-1-1　正六棱柱的投影

正面投影是并列的三个矩形线框,中间的线框是棱柱前后侧面的投影(重影),反映实形;左右的线框是其余四个侧面的投影,为类似形;线框上下两条水平线是上下底面的积聚投影;四条竖直线是侧棱的投影,反映实长。

侧面投影是并列的两个矩形线框,它是棱柱左右四个侧面的投影(重影),为类似形;两侧竖直线是棱柱前后侧面的积聚投影;中间的竖直线是侧棱的投影;上下水平线则为底面的积聚投影。图 3-1-1(c)是其投影图。

棱柱体的投影特征为:**一个投影反映底面的实形(多边形),其他两个投影为矩形或几个并列的矩形。**

工程形体的绝大部分是由棱柱体组成的。图 3-1-2 所示为各种棱柱体的投影图。

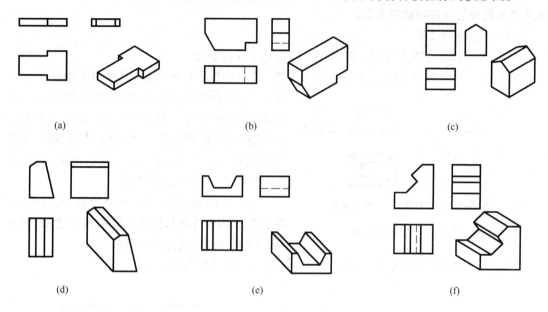

(a)   (b)   (c)

(d)   (e)   (f)

图 3-1-2 各种棱柱体的投影

(二)棱锥体的投影

图 3-1-3(a)为正三棱锥的直观图。

从图 3-1-3(b)中看出,三棱锥水平投影中的外形三角形 abc 是底面的投影,反映实形;s 是锥顶的投影,位于三角形 abc 的中心,它与三个角点的边线 sa、sb、sc 是三条侧棱的投影;中间三个小三角形是三个侧面的投影。

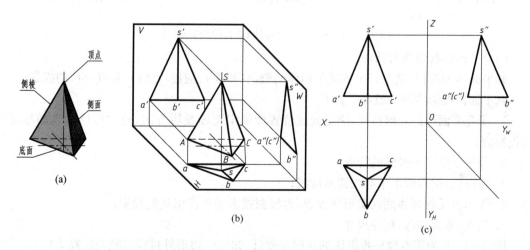

(a)   (b)   (c)

图 3-1-3 正三棱锥的投影

正面投影是两个并列的全等三角形,是三棱锥三个侧面的投影。底面及侧棱的正面投影读者自行分析。

侧面投影是一个非等腰三角形,$s''a''(c'')$为三棱锥后侧面的积聚投影,$s''b''$为三棱锥侧棱的投影,其他部分投影由读者自行分析。

图3-1-3(c)为其投影图。

棱锥的投影特征是:**一面投影为反映底面实形的多边形(内含反映侧表面的几个三角形),另外的两面投影为并列的三角形。**

（三）棱台体的投影

图3-1-4(a)为四棱台的直观图,图(b)为其三面投影图。

图3-1-4中四棱台的上下底面为水平面,其水平投影反映实形,其他两个投影为水平

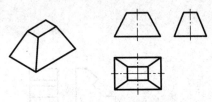

(a) 立体图（前后、左右对称）　(b) 投影图

图3-1-4　四棱台的投影

线;前后两个侧面为侧垂面,其侧面投影为一条斜线,其他两个投影为相似形;左右两个侧面为正垂面,其正面投影为一条斜线,其他两个投影为相似形。由于四棱台前后、左右对称,因此其水平投影也是前后、左右对称。

棱台体的投影特征是:**一个投影为反映上下底面实形的多边形和反映侧面的多个梯形;其他两个投影为梯形或几个并列的梯形。**

四棱台是常见的工程形体。图3-1-5所示为各种四棱台的投影图。

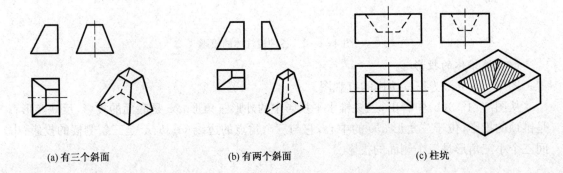

(a)有三个斜面　　　　　(b)有两个斜面　　　　　(c)柱坑

图3-1-5　各种四棱台的投影

（四）平面体投影图的画法

画平面体的投影,就是画出构成平面体的侧面(平面)、侧棱(直线)、角点(点)的投影。

画平面体投影图的一般步骤如下:

1. 研究平面体的几何特征,决定安放位置即确定正面投影方向,通常将体的表面尽量平行投影面;

2. 分析该体三面投影的特点;

3. 布图(定位),画出中心线或基准线;

4. 先画出反映形体底面实形的投影,再根据投影关系作出其他投影;

5. 检查、整理加深,标注尺寸。

图3-1-6为正六棱柱投影图的作图步骤(已知正六边形外接圆直径及柱高 L)。

注意作体的投影图时可去掉投影轴,45°斜角线的位置也可左、右略作移动。

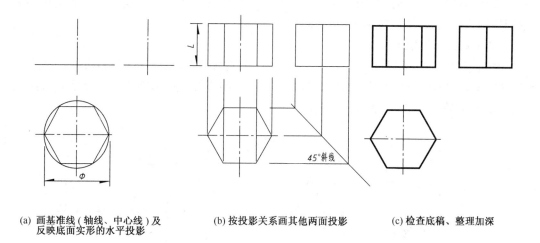

(a) 画基准线（轴线、中心线）及 反映底面实形的水平投影　(b) 按投影关系画其他两面投影　(c) 检查底稿、整理加深

图 3-1-6　正六棱柱投影图作图步骤

二、回转体的投影

工程中的曲面体大多是回转体。回转体的曲面可看成一条线围绕轴线回转形成，这条运动着的线称母线，母线运行到任一位置称**素线**。常见的回转体有圆柱、圆锥、球等。

（一）圆柱体的投影

矩形 O_1ABO 以其一边 OO_1 为轴，回转一周形成圆柱，如图 3-1-7(a)所示。若其轴垂直于 H 面，它的投影如图 3-1-7(b)、(c)所示。圆柱的水平投影为一圆，反映上下底面的实形（重影），圆周则为圆柱面的积聚投影；正面投影为一矩形，上下两条水平线为上下底面的积聚投影，左右两条线为圆柱最左最右两条素线（轮廓素线）的投影，也是圆柱面对 V 面投影时可见部分与不可见部分的分界线；侧面投影为一矩形，竖直的两条线为圆柱最前、最后两条素线的投影，是圆柱左半部与右半部的分界线。

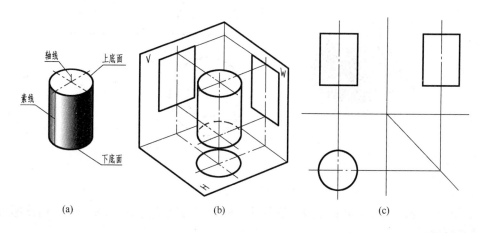

(a)　　　　　　　　(b)　　　　　　　　(c)

图 3-1-7　圆柱的投影

圆柱的投影特征是：**在与轴线垂直的投影面上的投影为一圆，在另外两面上的投影为全等的矩形。**

应注意:投影为圆时,要用互相垂直的点画线的交点表示圆心,投影为矩形时,用点画线表示回转轴,其他回转体的投影,均具有此特点。

（二）圆锥体的投影

直角三角形 SAO,以其直角边 SO 为轴回转形成圆锥,如图 3-1-8(a)所示。当轴线垂直于 H 面时,其投影如图 3-1-8(b)、(c)所示。由于圆锥的投影与圆柱的投影相仿,其锥面、底面、轮廓素线的投影,请读者自行分析。

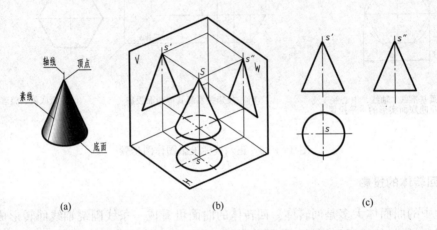

图 3-1-8　圆锥的投影

圆锥的投影特征是:**在与轴线垂直的投影面上的投影为圆,在另外两面上的投影为全等的等腰三角形。**

（三）圆台体的投影

圆锥被垂直于轴线的平面截去锥顶部分,剩余部分称为圆台,其上下底面为半径不同的圆面,如图 3-1-9 所示。

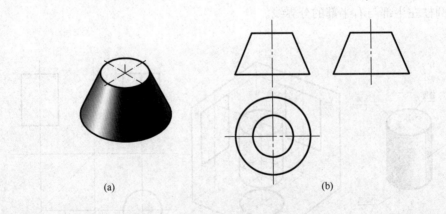

图 3-1-9　圆台的投影

圆台的投影特征是:**与轴线垂直的投影面上的投影为两个同心圆,另外两面的投影为大小相等的等腰梯形。**

（四）球体的投影

半圆或整圆以其直径为轴回转形成球,如图 3-1-10(a)所示,球无论向哪一方面进行投影,其轮廓均为圆,如图 3-1-10(b)所示。水平投影中,圆 a 为可见的上半个球面和不可见的下半个球面的重合投影,此圆周轮廓的正面、侧面投影分别为过球心的水平线段 a'、a'',用点画线表示;正面投影和侧面投影中圆 b' 和 c'',分别表示球面上平行正面、侧面的圆周轮廓的投影,该圆周轮廓的另外两投影以及球面投影的可见性问题,请读者自行分析。

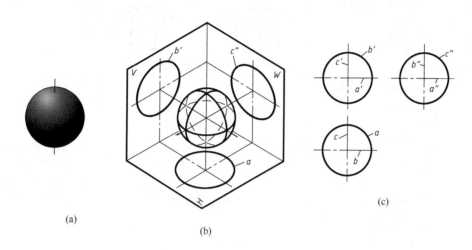

图 3-1-10 球的投影

球的投影特征是:**三面投影为三个大小相等的圆。**

(五)回转体投影图的画法

回转体投影的作图步骤与平面体相同。图 3-1-11 为画圆柱投影的作图步骤。

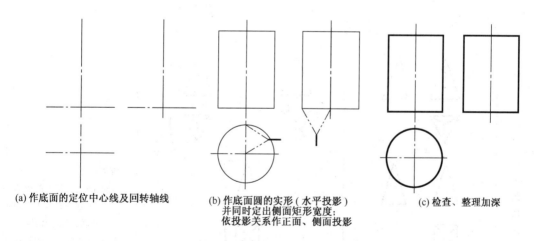

(a)作底面的定位中心线及回转轴线   (b)作底面圆的实形(水平投影)并同时定出侧面矩形宽度;依投影关系作正面、侧面投影   (c)检查、整理加深

图 3-1-11 圆柱投影图的作图步骤

球的三面投影图,也是先画定位中心线,再画三个圆。

三、简单形体的投影特征和尺寸标注

简单形体的投影特征和尺寸标注方法见表 3-1-1。

工 程 制 图 及 CAD

表 3‑1‑1 简单形体的投影图和尺寸标注

名称	三 投 影 图	需要画的投影图和应注的尺寸		投 影 特 征
正六棱柱				
三棱柱				柱类: 1. 反映底面实形的投影为多边形或圆 2. 其他两投影为矩形或几个并列的矩形
四棱柱				
圆柱				
正三棱锥				
正四棱锥				锥类: 1. 反映底面实形的投影为一个划分成若干三角形线框的多边形或圆 2. 其他投影为三角形或几个并列的三角形
圆锥				

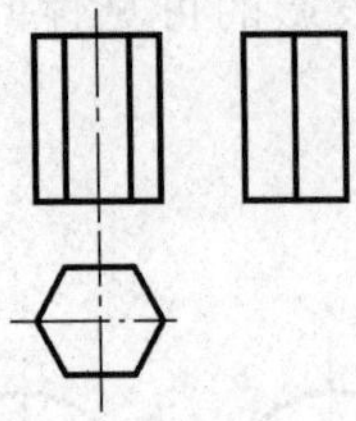

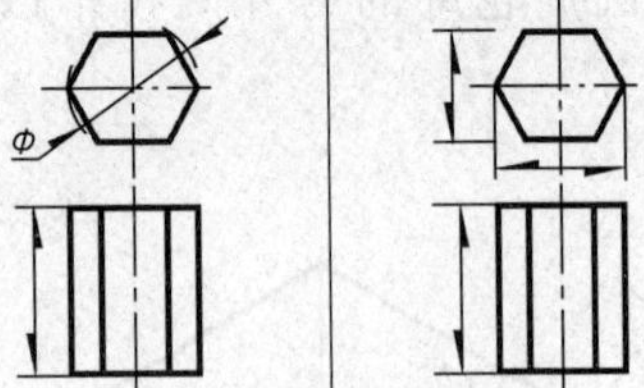

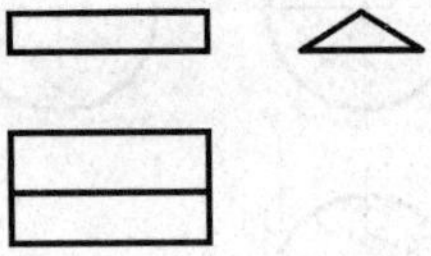

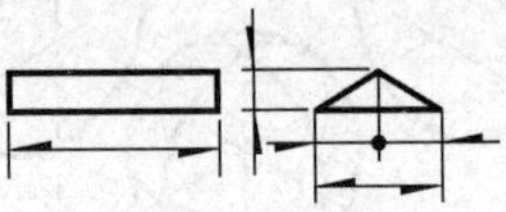

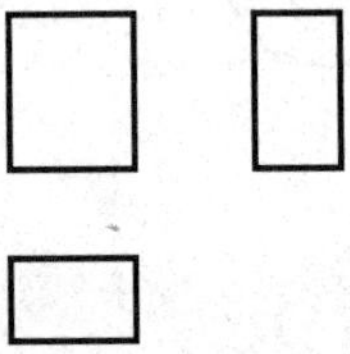

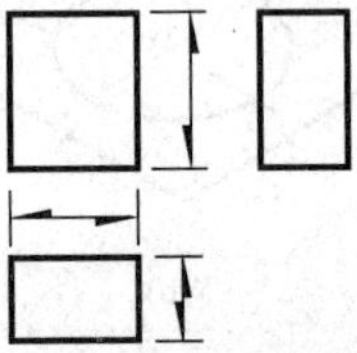

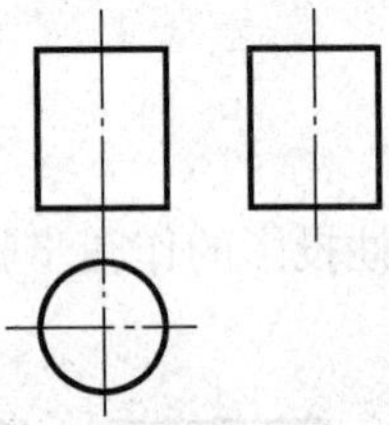

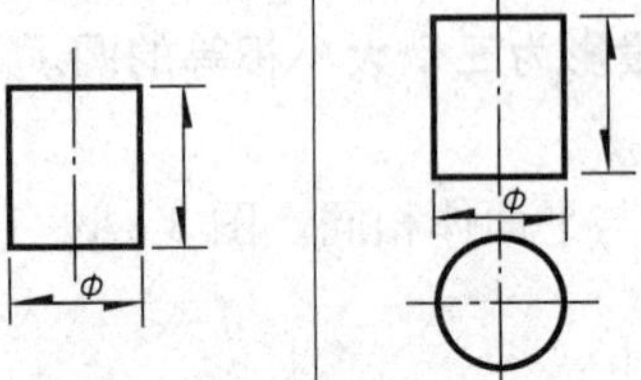

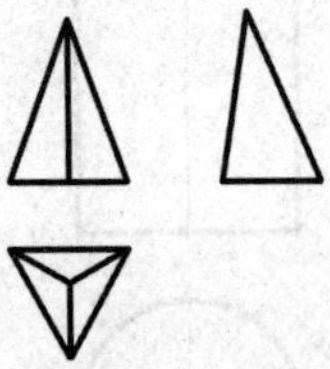

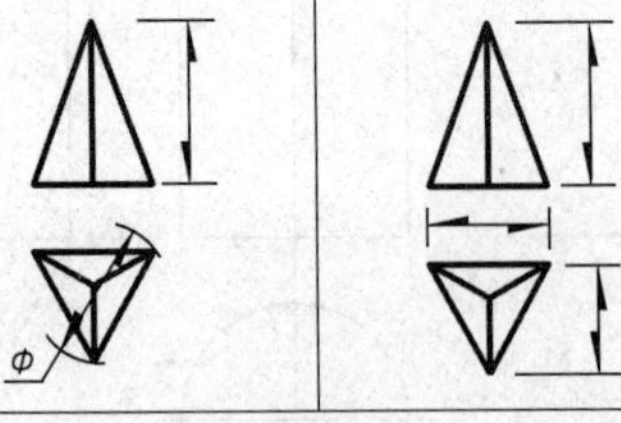

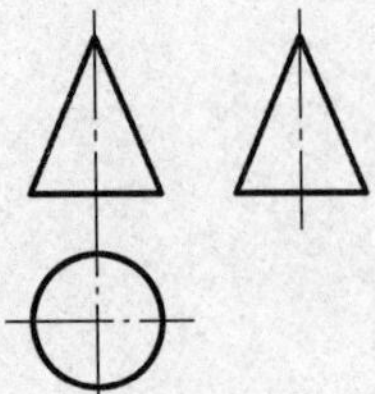

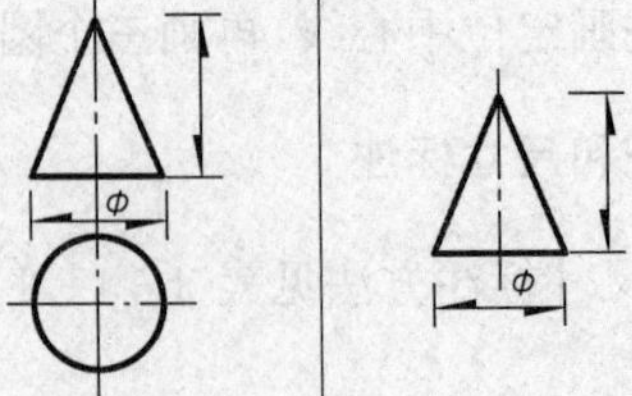

续上表

名称	三 投 影 图	需要画的投影图和应注的尺寸	投 影 特 征
四棱台			台类: 1. 反映底面实形的投影如为棱台,则是多边形和梯形的组合,如为圆台则是两个同心圆 2. 其他投影为梯形或并列的梯形
圆台			
球		sΦ	各投影均为圆

在柱体投影图中标注尺寸时,通常先标注反映底面实形的投影,然后再标注第三方向的尺寸,如图 3-1-12 所示。

在标注台体的尺寸时,除了标注底面实形尺寸和第三方向尺寸外,还需要标注上下底面的相对位置关系。如图 3-1-13 中台体左右不对称,因此需要标注上下底长度方向上的相对位置关系(正面图中的 24)。锥体的尺寸标注也有类似的特点。

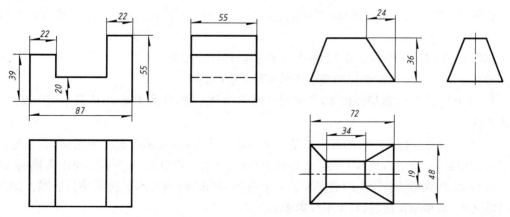

图 3-1-12 棱柱体的尺寸标注   图 3-1-13 棱台体的尺寸标注

第二节　截切体的投影

如图3-2-1(a)所示,截断立体的平面称**截平面**;截平面与立体表面的交线称**截交线**;截交线所围成的图形称**断(截)面**;立体被平面截断后的部分称**截切体**。

由于立体形状不同,截切平面的位置不同,截交线的形式也不相同,但它们都具有下列性质:

1. 截交线是截平面与立体表面的共有线;

2. 截交线是闭合的平面图形(平面曲线、平面折线或两者的组合)。

一、平面截切体

平面立体的表面是由若干个平面图形组成的,被平面截切后产生的截交线是一个**封闭的平面多边形**。求平面截切体的截交线,只需求出该多边形的角点,并依次连接这些点即可。

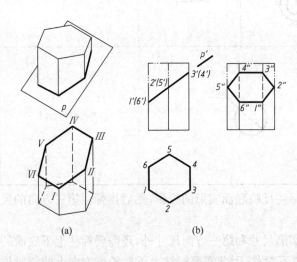

(a)　　　　　(b)

图3-2-1　六棱柱截切体

例题3-2-1　求作图3-2-1(a)所示棱柱截切体的投影。

分析:

1. 该截切体可看成正六棱柱,被正垂面P截切得到。其截交线为六边形,六个角点分别是六条侧棱与截平面的交点。

2. 由于截平面P与V面垂直,故截平面及截交线的正面投影有积聚性,侧棱的正面投影与截平面正面投影的交点即为六边形(截交线)角点的正面投影。

3. 求六边形截交线,即转化为已知立体侧棱上点的一面投影,求另外两面投影的问题。

作图:如图3-2-1(b)所示(图中截交线加粗显示,实际作图时可见轮廓线均用粗线表示)。

例题3-2-2　求作图3-2-2(b)所示棱柱截切体的投影。

分析:[图3-2-2(a)为完整棱柱体的投影,用于参照。]

1. 两个平面P、Q截切棱柱体,其中截平面P为侧平面,Q为正垂面,两截平面的交线AB为正垂线。

2. 平面Q截切棱柱产生的截交线是一个八边形线框,其正面投影为一条斜线,其他两个投影为相似形(八边形),其水平投影很容易求得,根据其正面投影、水平投影可求得侧面投影。

3. 平面P截切棱柱产生的截交线是一个矩形,其正面投影、水平投影均为竖线。侧面投影反映实形,可根据正面投影、水平投影求得。

4. 进一步根据截平面位置分析截切体各棱的情况,对切剩下的部分进行分析,如侧面投影中虚线的长度。

作图:如图 3 - 2 - 2(c)所示。

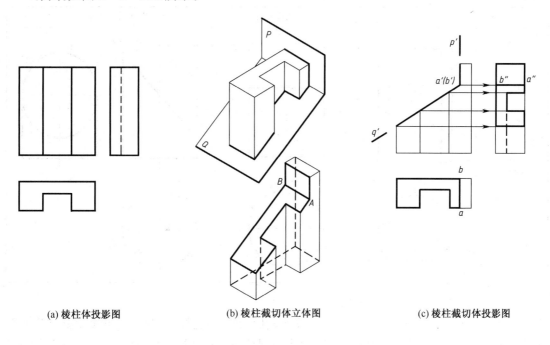

|(a) 棱柱体投影图|(b) 棱柱截切体立体图|(c) 棱柱截切体投影图|

图 3 - 2 - 2 棱柱截切体的投影图

二、回转面截切体

回转体的表面由回转面或回转面及平面组成,其截交线一般为**封闭的平面曲线或曲线和直线围成的平面图形**。截交线上任一点均可看作回转面上的某条素线与截平面的交点,因此,求回转体的截交线就是在回转体上选择适当数量的素线,求出它们与截平面的交点,依次光滑连接即可。

(一)圆柱截切体

平面截切圆柱时,其截交线有三种情况,如表 3 - 2 - 1 所示。

表 3 - 2 - 1 平面截切圆柱的三种情况

截平面位置	与轴线平行	与轴线垂直	与轴线倾斜
截交线形状	矩形(直线)	圆	椭 圆
轴测图			

截平面位置	与轴线平行	与轴线垂直	与轴线倾斜
投 影 图	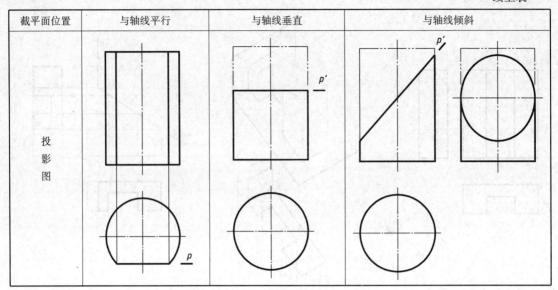		

例题 3 - 2 - 3　求圆柱截切体的投影。

分析：如图 3 - 2 - 3(a)所示，圆柱被正垂面截切，截交线为椭圆，椭圆的正面投影与截平面的正面投影积聚成一条斜线，椭圆的水平投影与圆柱面的水平投影积聚成一圆，故所需求的仅是侧面投影。

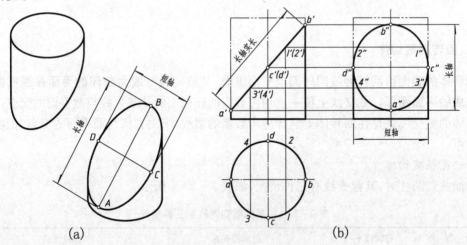

图 3 - 2 - 3　圆柱截切体

作图如图 3 - 2 - 3(b)所示：

1. 确定截交线上特殊位置的点。在椭圆截交线上确定最低点 A、最高点 B(左右两素线与截平面的交点)，最前点 C、最后点 D(前后两素线与截平面的交点)。由于它们的正面投影 a'、b'、c'、d' 和水平投影 a、b、c、d 已知，因此，侧面投影 a''、b''、c''、d'' 可直接求出。

2. 求中间点。任选Ⅰ、Ⅱ、Ⅲ、Ⅳ几个一般位置的点，据 $1'$、$2'$、$3'$、$4'$ 和 1、2、3、4 求出 $1''$、$2''$、$3''$、$4''$。

3. 将求出的各点顺次连接成光滑的曲线，即得截交线的侧面投影。

应当指出，侧面投影——椭圆也可根据长、短轴用四心圆法作出，若用该法时，其关键在于确定长、短轴的位置，如图 3 - 2 - 3(a)所示，长轴是最高点 B、最低点 A 的连线，短轴是 C、D

两点的连线。

4. 整理加深。

例题3-2-4 完成圆柱截切体的投影,如图3-2-4所示。

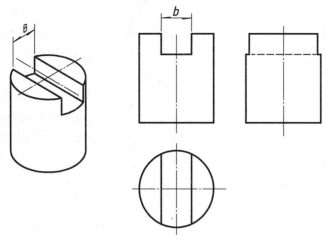

图3-2-4 圆柱切口体

分析:如图3-2-4(a)所示,圆柱切口体可看成被三个截平面截切形成,由两个侧平面截切形成的截交线为矩形,它们的侧面投影反映实形,且两个矩形重影,矩形的底边被未切部分挡住,它们的正面投影和水平投影都积聚成一直线段;由一个水平面截切形成的截交线为圆的一部分,其水平投影反映实形,正面、侧面投影积聚成直线段。

作图:如图3-2-4(b)所示。

(二)圆锥截切体

由于截平面与圆锥轴线的相对位置不同,其截交线有五种不同形状,如表3-2-2所示。

表3-2-2 平面截切圆锥的五种情况

截平面位置	过 锥 顶	与轴线垂直	与轴线倾斜	与一条素线平行	与轴线(或两条素线)平行
截交线形状	三角形(直线)	圆	椭 圆	抛物线	双曲线
轴测图					
投影图					

当圆锥截交线为直线或圆时,其投影可直接作出,若截交线为椭圆、抛物线、双曲线时,必须用定点法才能求得其投影。

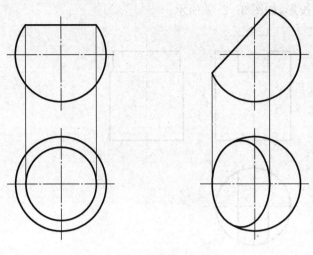

图 3-2-5　球体截交线的分析

(三)球截切体

平面截切球体其截交线的实形永远是圆,截平面距球心越近截得的圆就越大。如果截平面与投影面平行时,截交线在该面上的投影反映图的实形,如图 3-2-5(a)中的水平投影;如果截平面与投影面垂直时,截交线在该面上的投影积聚为一直线段,其长度等于圆的直径,如图 3-2-5(a)、(b)中的正面投影;如果截平面与投影面倾斜时,截交线在该面上的投影为一椭圆,如图 3-2-5(b)中的水平投影。

三、截切体的尺寸标注

截切体的尺寸可以看成原简单体的尺寸再加上反映截平面位置的尺寸,如图 3-2-6 所示。上述尺寸已经表达了形体的完整尺寸,包括断面的尺寸,因此通常不再标注断面的实形尺寸。

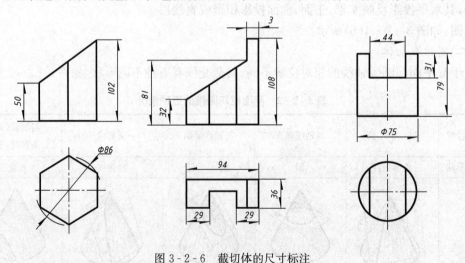

图 3-2-6　截切体的尺寸标注

第三节　相贯体的投影

如图 3-3-1(a)所示,相交的立体称为相贯体,相交立体表面的交线称为相贯线。

由于相贯体的几何形状、大小、相对位置不同,相贯线的形状也不相同,但它们都具有下列性质:

1. 相贯线是相交两立体表面的共有线;

2. 相贯线是封闭的空间(特殊情况下是平面)折线或曲线;

3. 当一个立体全部贯出另一个立体时,产生两组相贯线;互相贯穿时,产生一组相贯线。

一、平面体与回转体相贯

平面体与回转体相贯产生的相贯线,一般是由若干段平面曲线和直线组成的封闭线框。各段曲线或直线是平面体的一个表面与回转体的截交线,各折点是平面体的侧棱与回转体表面的交点。

例题 3-3-1 求作图 3-3-1(a)所示长方体与圆柱相贯的投影图。

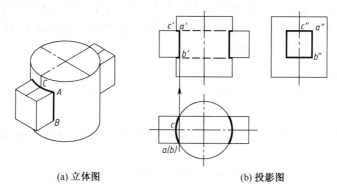

(a) 立体图   (b) 投影图

图 3-3-1 长方体与圆柱相贯

分析:

1. 长方体的上面与圆柱表面交线为圆弧,其水平投影反映实形,其正面、侧面投影为水平线;

2. 长方体的前面与圆柱表面交线为正垂线,水平投影集聚为一点,其正面、侧面投影为竖直线;

3. 相贯线是棱柱侧面和圆柱面的共有线,因此相贯线的水平投影在圆上,侧面投影在长方体的侧面投影上;

4. 根据 AB 直线、AC 弧线的水平投影和侧面投影,可求得其正面投影。

作图:如图 3-3-1(b)所示(为了突出相贯线,图中仅对相贯线加粗显示,实际画图时相贯线、棱线、轮廓线的投影均为粗实线)。

例题 3-3-2 求作图 3-3-2(a)所示长方体与圆球相贯的投影图。

分析:长方体的四个侧面截切球面,分别为四个圆弧。其水平投影在长方体侧面的积聚投

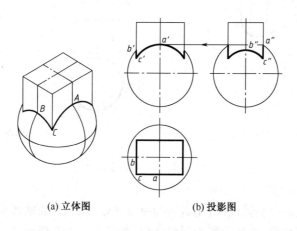

(a) 立体图   (b) 投影图

图 3-3-2 长方体与圆球相贯

影上。根据点 A 的水平投影 a 可求得其侧面投影 a'，进而求得正面投影 a''。$a'c'$ 是与轮廓圆同心的圆弧，故可求得 c''。同理，可依次求得 b'、b''、c''。

作图：如图 3-3-2(b)所示。

二、两回转体相贯

两回转体相贯，相贯线一般是封闭的空间曲线，特殊情况下为封闭的平面曲线。若两立体表面的投影都有积聚性，其相贯线可利用积聚性直接求得。在作相贯线投影时，一般先求出相贯线上的特殊点（最高、最低、最左、最右、最前、最后以及可见不可见的分界点等），以确定相贯线的范围和弯曲趋势。然后在特殊点间适当位置选一些中间点，使相贯线具有一定的准确性。最后判别其可见性，并将点依次光滑连接。

（一）两圆柱相贯

例题 3-3-3　求作图 3-3-3(a)两圆柱正交相贯的投影图。

分析：

1. 相贯体前后左右对称。相贯线为空间曲线，其水平投影和侧面投影分别与圆柱的侧面投影重合，即为圆或圆弧。

2. 相贯线上最前点 A 的水平投影 a 和侧面投影 a'' 已知，并根据 a 和 a'' 求得其正面投影 a'。

3. 相贯线上最左点 B 的三面投影很容易求得。

4. 为了准确作图，需要求出相贯线上的一个中间点。方法为：在水平投影 ab 之间确定一点 c，距离前后对称面的距离为 k，并由此求得侧面投影 c''，进而根据 a、a'' 求得 a'。

作图：如图 3-3-3(b)所示。物体前后左右对称。

在工程形体中，经常遇到两圆柱正交的情况，当其直径相差较大，即小圆柱半径为大圆柱半径的 0.7 倍以下时，为了简化作图，常用大圆柱的半径（D/2）为半径，作圆弧代替相贯线（近似画法），如图 3-3-4 所示。

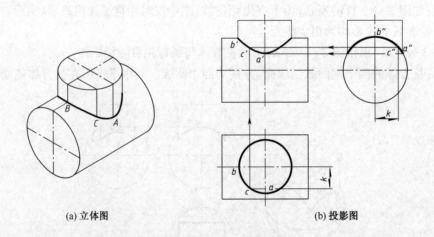

(a) 立体图　　　　　　　　　　(b) 投影图

图 3-3-3　两圆柱相贯

（二）同轴回转体相贯

当两个回转体具有公共轴线时，相贯线为垂直于轴线的圆，如轴线垂直于 H 面时，该圆的正面投影积聚为一直线段，水平投影为圆的实形，如图 3-3-5 所示。

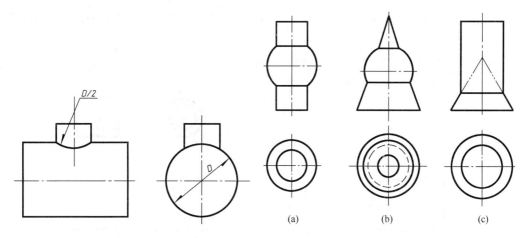

图 3-3-4 相贯线的近似画法   图 3-3-5 同轴回转体相贯

第四节 组合体的投影

工程建筑物一般比较复杂,可以看成是由简单体组合而成的,这种由多个简单体组合而成的立体称为组合体。组合的形式有叠加和切割两种。

一、组合体投影图的画法

画组合体投影图的基本方法是**形体分析法**。

所谓形体分析法就是:**假想将组合体分解成几个基本体**,分析它们的形状、相对位置、组合形式和表面交线,**将基本体的投影图按其相互位置进行组合,便得出组合体的投影图。**

现以图 3-4-1 所示的简化排水管出口为例,分析一般作图步骤。

(一)形体分析

该出口可以看成由基础(L形柱体)、端墙(四棱柱体)、帽石(四棱柱体)和圆管(中空的圆柱体)组成;该体对称于 $Y-Z$ 平面,位于下面的基础顶与中间的端墙底共面且向前错开,顶上的帽石底与端墙顶共面并向前错开,基础顶也是圆管底的切面。

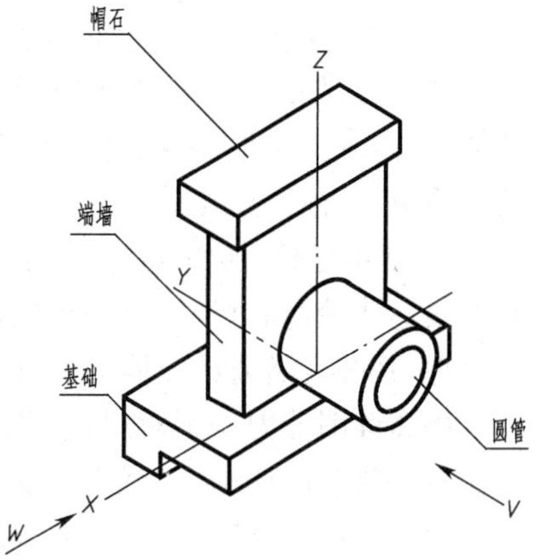

(二)选择投影图

1. 考虑安放位置,确定正面投影方向

形体对投影面处于不同的位置就可得到不同的投影图。一般应使形体自然安放且形态稳定;并将主要面与投影面平行,以便使投影反映实形;正面投影应反映形体的形状特征,并使各投影图中尽量少出现虚线。

在图 3-4-1 中虽然 W 方向反映该体各组成部分的相对位置明显,但考虑到 V 方向表达其形状特征明显,又便于布图,因此确定 V 面方向为正面投影方向。

图 3-4-1 排水管出口

2. 确定投影图的数量

应在能正确、完整、清楚地表达形体的原则下,使用最少数量的投影图。

虽然基础、圆管、端墙均可用正面、侧面投影即能将其表达清楚,但帽石尚需三面投影才能确定其形状,因而该组合体采用三面投影。分析时,可进行构思或画出各部分投影草图,如图 3-4-2所示。

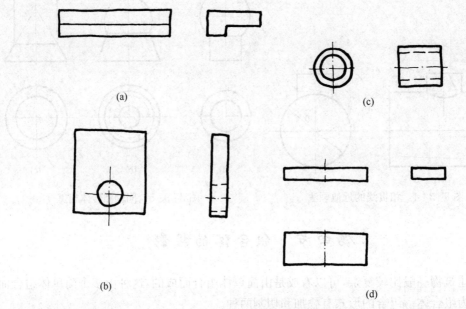

图 3-4-2　排水管出口各组成部分草图

（三）画组合体草图

绘制工程图,一般先画草图。草图不是潦草的图,它是目测形体大小比例徒手绘制的图形。画草图是在用仪器画图之前的构思准备过程,也是工程技术人员进行创作、交流的有力工具,因此掌握草图的绘制技能是工程技术人员不可缺少的基本功。草图上的线条要基本平直,方向正确,长短大致符合比例,线型符合制图标准。

排水管出口草图的画法步骤如下:

1. 布图。用轻、细的线条在方格纸或普通纸上定出投影图中长、宽、高方向的基准线,如图 3-4-3(a)所示。

2. 画投影图。将组成出口的四个基本体的投影按顺序画出,每个基本体要先画反映底面实形的投影,如图 3-4-3(b)所示。必须注意,建筑物或构件形体,实际上是一个不可分割的整体,形体分析仅是一种假想的分析方法,因此画图时要准确反映它们的相互位置并考虑交结处的情况(不标注尺寸)。

3. 读图复核,加深图线。一是复核有无错漏和多余线条,用形体分析法检查每个基本体是否表达清楚,相对位置是否正确,交结关系处理是否得当。例如:圆管是位于基础顶面且左右对称,其圆孔是通透端墙的,因此,圆管的水平投影(矩形)对称于中心线,且虚线通透端墙;二是提高读图能力。不对照直观图或实物,根据草图仔细阅读、想象立体的形状,然后再与实物比较,坚持画、读结合,就能不断提高识图能力。

检查无误后,按各类线型要求加深图线。

（四）标注尺寸

先徒手在草图上画出全部应标注的尺寸线、尺寸界线和尺寸起止符号,然后测量实物(模型或直观图)的尺寸,按形体顺序填写。

（五）用仪器画图

草图复核无误后,根据草图用仪器绘制图形,如图 3-4-4所示。

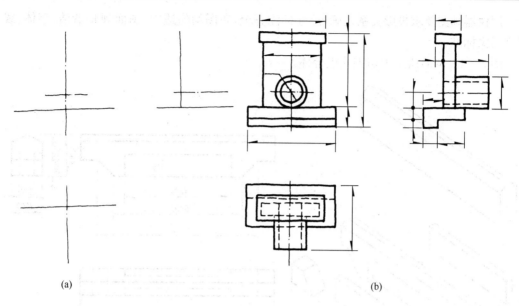

(a)   (b)

图 3-4-3 排水管出口草图

1. 选择比例和图幅;

2. 布图、确定基准线;

3. 画投影图底稿;

4. 检查并加深图线;

5. 标注尺寸(图中未注数字);

6. 填写标题栏。

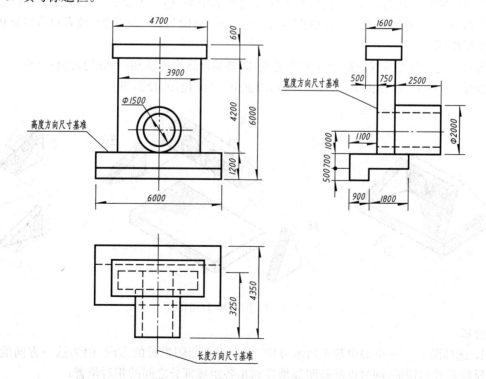

图 3-4-4 用仪器画图(投影部分)

用仪器画图要求投影关系正确,尺寸标注齐全,布图均匀适中,图面规整清洁,字体、线型符合国家标准。

图3-4-5(a)所示为切割式组合体。

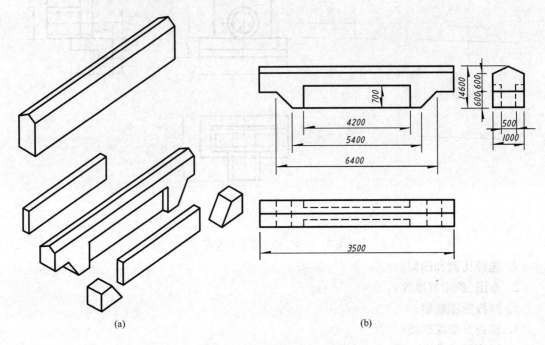

图3-4-5　切割式组合体

形体的原始形状为一个五棱柱,在五棱柱的下部中央,前后各切去一个薄四棱柱体,左右两端下角处,对称地各切去一个梯形四棱柱,图3-4-5(b)为其三面投影,读者可自行分析,按上例步骤作图。

带有截交线与相贯线的组合体更为复杂,需要综合运用所学知识和经验进行分析。

例题3-4-1　绘出图3-4-6(a)所示圆涵洞口(简化)的投影图。

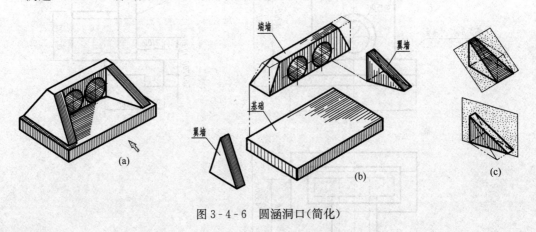

图3-4-6　圆涵洞口(简化)

分析:

1. 选择图3-4-6(a)中箭头所示方向,作为正立面图投影的方向,因为这一方向能较明显地反映其外形特征,同时也能较明显地反映出各组成部分之间的相对位置;

2. 如图3-4-6(b)所示,可将圆涵洞口分解成基础、端墙、翼墙三部分;端墙在基础的上、后方,翼墙位于端墙前面,并在基础上方的左、右两侧,涵洞口左、右对称;基础为四棱柱体,端墙可视为直角梯形四棱柱被左、右正垂面截切而成,且贯出两圆柱孔,左、右翼墙则可看成梯形四棱柱被侧垂面在顶部截切,内侧又被铅垂面截切而成,如图3-4-6(c)所示。

分清各部分形状后,确定涵洞口需画出三面投影。

作图:

1. 作三个组成部分的草图。采用形体及线面分析法作出,如图3-4-7所示。

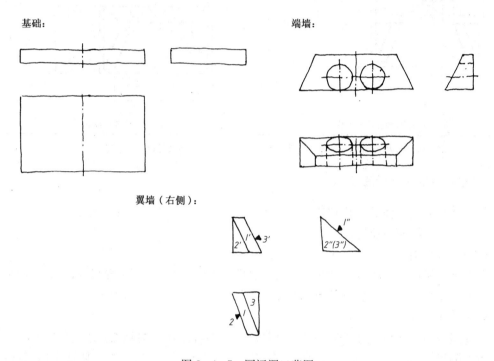

图3-4-7 圆涵洞口草图

2. 用仪器作图。方法步骤如表3-4-1所示。

表3-4-1 圆涵洞口的作图方法步骤

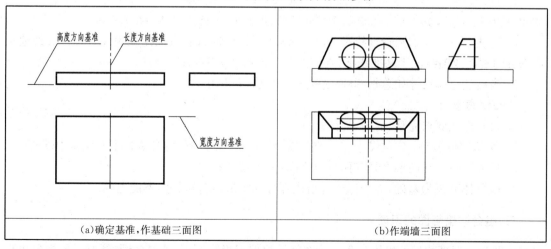

| (a)确定基准,作基础三面图 | (b)作端墙三面图 |

续上表

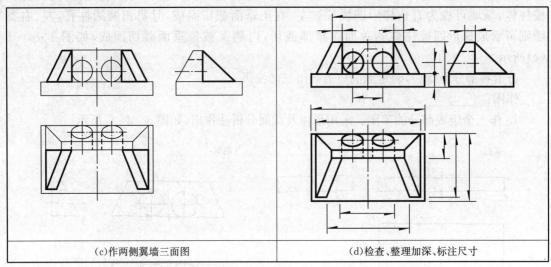

| (c)作两侧翼墙三面图 | (d)检查、整理加深、标注尺寸 |

注意在翼墙外侧及端墙外侧形成同一个正垂面,因此交结处无交线。

二、组合体的尺寸标注

投影图是表达形体的形状和各部分的相互关系,而有足够的尺寸才能表明形体的实际大小和各组成部分的相对位置。

（一）尺寸种类

以形体分析法为基础,注出组合体各组成部分的大小尺寸——**定形尺寸**,各组成部分相对于基准的位置尺寸——**定位尺寸**及组合体的总长、宽、高尺寸——**总体尺寸。**

（二）尺寸基准

欲注组合体的定位尺寸必须确定**尺寸基准**——即标注尺寸的起点。组合体需有长、宽、高三个方向的尺寸基准,才能确定各组成部分的左右、前后、上下关系,组合体通常以其底面、端面、对称平面、回转体的轴线和圆的中心线作尺寸基准,如图3-4-4所示。

（三）标注尺寸的顺序（如图3-4-4所示）

1. 首先注出定形尺寸如基础长6000,宽1800、900,高500、700;端墙长3900,宽750,高4200;帽石长4700,宽1600,高600;圆管ϕ1500,ϕ2000,轴向尺寸为3250、2500。

2. 再注定位尺寸如圆管轴线高1000,基础后端面、帽石后端面定位宽1100、500,其他组成部分的端面或轴线位于基准线上,则该方向定位尺寸为零,省略不注。

3. 最后注总体尺寸如总长6000,总宽4350,总高6000。

（四）注意事项

1. 尺寸标注要求完整、清晰、易读;

2. 各基本体的定形、定位尺寸,宜注在反映该体形状、位置特征的投影上,且尽量集中排列;

3. 尺寸一般注在图形之外和两投影之间,便于读图;

4. 以形体分析为基础,逐个标注各组成部分的定形、定位尺寸,不能遗漏。

三、组合体投影图的识读

读图和画图是相反的思维过程。读图就是根据正投影原理,通过对图样的分析,想象出形体的空间形状。因此,要提高读图能力,就必须熟悉各种位置的直线、平面（或曲面）和基本体的投影特征,掌握投影规律及正确的读图方法步骤,并将几个投影联系对照进行分析,而且要通过大量的绘图和读图实践,才能得到。

读图最基本的方法是**形体分析法**,就是从形体的概念出发,先大致了解组合体的形状,再将投影图假想分解成几个部分,读出各部分的形状及相对位置,最后综合起来想象出整体形状。如图3-4-8所示为T形桥台投影图的读图步骤。

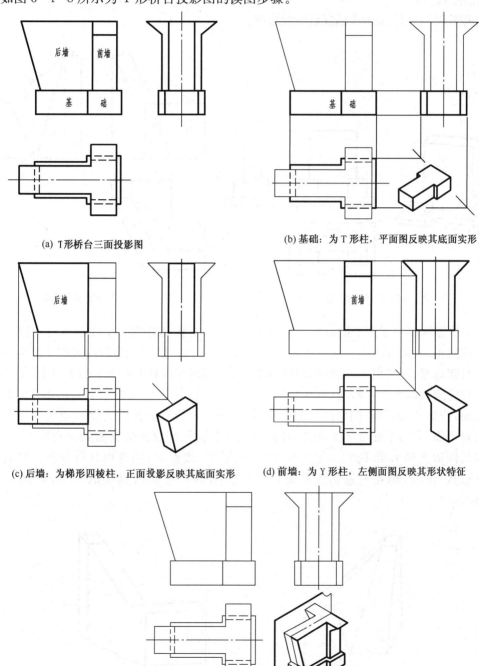

(a) T形桥台三面投影图

(b) 基础:为T形柱,平面图反映其底面实形

(c) 后墙:为梯形四棱柱,正面投影反映其底面实形

(d) 前墙:为Y形柱,左侧面图反映其形状特征

(e) 各组成部分的相对位置可由其公共对称面来确定

图3-4-8 T形桥台图

　　图中正面投影较明显地分成三个部分,因而以正面投影为主,联系各投影,首先找出各基本体的底面形状和反映它们相对位置的投影,便能较快地把图读懂。

　　图 3-4-9 为纪念碑的三面投影图,读者可用上述方法自行分析识读。

　　有些复杂形体无法分解成几个部分,就需要逐个分析形体表面上的线、面,进而构想出整个形体的形状。

　　试读图 3-4-10 所示拱涵翼墙的投影图。

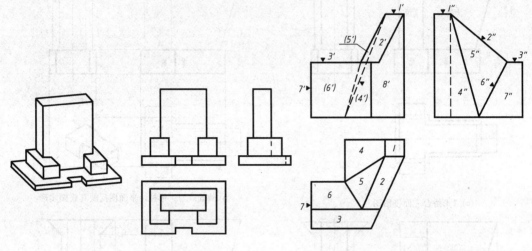

图 3-4-9　纪念碑投影图　　　　　　图 3-4-10　拱涵翼墙投影图

　　由于拱涵翼墙平面图中的线框明显清楚,因此首先将其分成六个线框进行识读。与线框 1 对应的正面、侧面图中为水平线,说明它是一水平面,且居位最高;与线框 2 对应的正面图为平行四边形,而侧面为一斜线,说明线框 2 为一侧垂面,其上连水平面 1,下接水平面 3;线框 4 对应的正面图为一斜线(虚线),侧面图为一类似梯形,它是位于 1 面左侧且左低右高的正垂面;线框 5 的正面、侧面图均为三角形(且角点符合点的投影规律),说明线框 5 表示一般位置平面,它与平面 2、4、6 相连;还可以用分析棱线的投影确定面的空间位置,如线框 6,其前后两边为侧垂线,则它一定为侧垂面;线框 7″、线框 8′,读者可自行分析。将翼墙各表面的形状、位置、相互关系识读清楚,综合起来,即可想象出翼墙的外形,如图 3-4-11 所示。

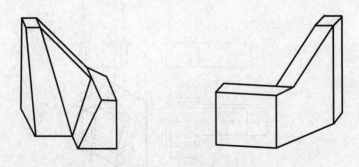

图 3-4-11　拱涵翼墙立体图

　　请读者识读图 3-4-12(a)所示桥台(半个)的三面投影图,图 3-4-12(b)为其立体图。

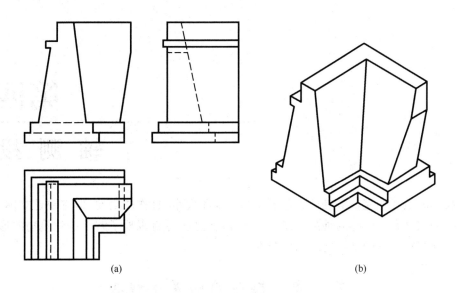

(a)   (b)

图 3 - 4 - 12   桥台(半个)的三面投影图及立体图

第四章

轴 测 投 影

正投影图虽然能完整准确地表达形体的形状和大小,且作图简便,但它缺乏立体感,所以工程上也采用富有立体感的轴测图作辅助图样,使之能更直观地了解工程建筑物的形状和结构。本章介绍轴测图的基本原理和作图方法。

第一节 轴测图的基本概念

一、轴测图的形成

图 4-1-1 所示为一个木榫头的正投影图和轴测投影图的形成比较。为了便于分析,假想将木榫头上三个互相垂直的棱与空间坐标轴 X、Y、Z 重合,O 为原点。其正投影如图4-1-1(a)所示,仅能反映木榫头正面(X、Z 方向)的形状和大小,因此缺乏立体感。如果改变立体对投影面的相对位置,如图 4-1-1(b)所示或改变投影方向,如图 4-1-1(c)所示,就能在一个投影中同时反映出立体的 X、Y、Z 三个方向的形状,即可得到富有立体感的轴测投影图。

综上,如图 4-1-1(b)、(c)所示,**将形体连同确定形体长、宽、高方向的空间坐标轴一起沿 S 方向,用平行投影法向 P 面进行投影称轴测投影,应用这种方法绘出的投影图称轴测投影图,简称轴测图。**

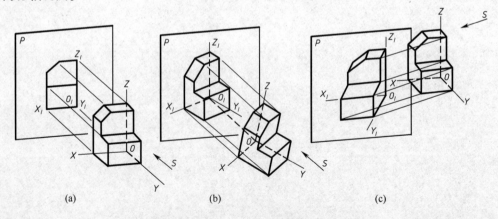

(a)　　　　　　　　　　(b)　　　　　　　　　　(c)

图 4-1-1　轴测投影的形成

图 4-1-1(b)、(c)中,P 面称**轴测投影面**,空间坐标轴 OX、OY、OZ 在轴测投影面上的投影 O_1X_1、O_1Y_1、O_1Z_1 称**轴测投影轴**(轴测轴),轴测轴之间的夹角 $\angle X_1O_1Y_1$、$\angle X_1O_1Z_1$、$\angle Y_1O_1Z_1$ 称**轴间角**,平行于空间坐标轴的线段,其轴测投影长度与实际长度之比称**轴向变化率**。

$$\frac{O_1X_1}{OX} = p \quad 称 X 轴的轴向变化率$$

$$\frac{O_1Y_1}{OY}=q \quad 称\ Y\ 轴的轴向变化率$$

$$\frac{O_1Z_1}{OZ}=r \quad 称\ Z\ 轴的轴向变化率$$

二、轴测图的种类

(1)如图 4-1-1(b)所示,将形体放斜,使立体上互相垂直的三个棱均与 P 面倾斜,用垂直于 P 面的 S 方向进行投影,称正轴测投影;

(2)如图 4-1-1(c)所示,选取形体上坐标面如 XOZ 与 P 面平行,用倾斜于 P 面的 S 方向进行投影,称斜轴测投影。

如轴测图中,由于形体与轴测投影面相对位置不同或投影方向与轴测投影面的夹角不同,致使三个轴向变化率不同,可得到不同的轴测图,常用的有正等轴测图和斜二轴测图。

三、轴测投影的特点

由于轴测投影采用的是平行投影法,所以它具有平行投影的基本性质:

(1)形体上相互平行的线段,其轴测投影平行;与空间坐标轴平行的线段,其轴测投影与相应的轴测轴平行——平行性;

(2)形体上平行于坐标轴的线段,其投影的变化率与相应轴测轴的轴向变化率相同,形体上成比例的平行线段,其轴测投影仍成相同比例——定比性。

由此,凡与 OX、OY、OZ 平行的线段,其轴测投影不但与相应的轴测轴平行,且可直接度量尺寸,与坐标轴不平行的线段,则不能直接量取尺寸,"轴测"一词即由此而来,轴测图也可说是沿轴测量所画出的图。

第二节　正等轴测图

形体的三个坐标轴与轴测投影面的倾角相等时,获得的轴测图称为**正等轴测投影图**简称**正等测图。**

一、轴间角及轴向变化率

(一)轴 间 角

经推证可知,正等测图的轴间角 $\angle X_1O_1Y_1 = \angle X_1O_1Z_1 = \angle Y_1O_1Z_1 = 120°$,$O_1Z_1$ 一般画成竖直方向,如图 4-2-1 所示,O_1X_1 轴和 O_1Y_1 轴可用 30°三角板很方便地作出。

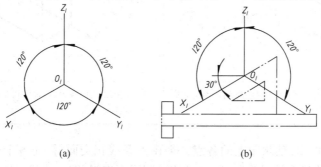

(a)　　　　　　　　　　　(b)

图 4-2-1　正等测图的轴间角及画法

(二)轴向变化率

由于三个坐标轴与轴测投影面的倾角相同,它们的轴向变化率也相同,经计算可知:$p = q = r \approx 0.82$。画图时,应按这个系数将形体的长、宽、高尺寸缩短,但在实际作图时取其实长,即 $p = q = r = 1$ 称简化的轴向变化率。用此法画出的图,三个轴向尺寸都相应放大了 $\dfrac{1}{0.82} = 1.22$ 倍,这样作图其形状未变而方法简便。

二、平面体正等测图的画法

画平面体轴测图的基本方法是坐标法,根据平面体各角点的坐标或尺寸,沿轴测轴,按简化的轴向变化率,逐点画出,然后依次连接,即得到平面体的轴测图。

(一)棱柱的正等轴测图

四棱柱的正等测图,其作图方法步骤见表 4 - 2 - 1 所示。

表 4 - 2 - 1　四棱柱正等测图的作图步骤

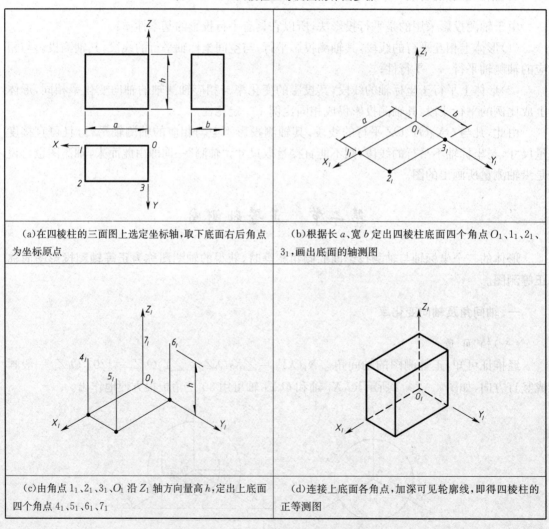

(a)在四棱柱的三面图上选定坐标轴,取下底面右后角点为坐标原点	(b)根据长 a、宽 b 定出四棱柱底面四个角点 O_1、1_1、2_1、3_1,画出底面的轴测图
(c)由角点 1_1、2_1、3_1、O_1 沿 Z_1 轴方向量高 h,定出上底面四个角点 4_1、5_1、6_1、7_1	(d)连接上底面各角点,加深可见轮廓线,即得四棱柱的正等测图

从表 4 - 2 - 1 可知:轴测图上的各点一般由三条线相交而得,而各个交角是由三个面构成,掌握此特点,对作轴测图是有益的;为了使轴测图更直观,图中虚线一般不画。

（二）棱锥的正等轴测图

五棱锥正等轴测图的作图方法步骤如表4-2-2所示。

表4-2-2　五棱锥正等轴测图的作图步骤

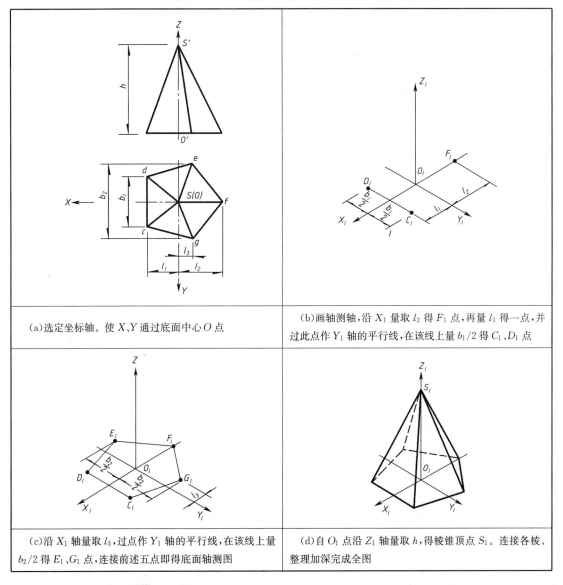

（a）选定坐标轴。使X、Y通过底面中心O点	（b）画轴测轴，沿X_1量取l_2得F_1点，再量l_1得一点，并过此点作Y_1轴的平行线，在该线上量$b_1/2$得C_1、D_1点
（c）沿X_1轴量取l_3，过点作Y_1轴的平行线，在该线上量$b_2/2$得E_1、G_1点，连接前述五点即得底面轴测图	（d）自O_1点沿Z_1轴量取h，得棱锥顶点S_1。连接各棱、整理加深完成全图

从五棱锥正等轴测图中可以看出：

1. 位于坐标轴上的点，可沿轴测轴直接量取，如F_1、S_1等点；不在坐标轴上的点，应按其坐标定出该点的轴测投影，如C_1、D_1、E_1、G_1各点；

2. 平行于坐标轴的线段，其轴测图也可以按实际长度直接量取，如C_1D_1；

3. 不平行于坐标轴的线段，不能按实际长度直接量取，如C_1G_1等线段。

（三）棱台的正等测图

图4-2-2为四棱合的投影图和正等测图。

在图4-2-2(b)中，由于棱台底面平行于V面，用过O_1点的X_1、Z_1轴定出后底面四边形的轴测图，再在O_1Y_1轴上确定前底面中心O_2，过O_2点用同法定出前底面四边形的轴测图,再将相应的角点相连,即得侧棱的轴测图。

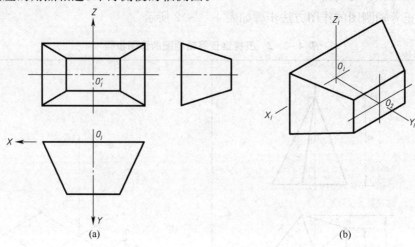

图 4 - 2 - 2　四棱台的投影图和正等测图

三、曲面体正等测图的画法

(一)圆的正等测图

与投影面平行的圆或圆弧,在正等测图中成为椭圆或椭圆弧。由于三个坐标平面与轴测投影面倾角相等,因此,三个坐标面上的椭圆作法相同。工程上常用辅助菱形法(近似画法)作圆的轴测图。现以水平圆为例,其作图方法步骤如表 4 - 2 - 3 所示。

表 4 - 2 - 3　辅助菱形法作椭圆的方法步骤

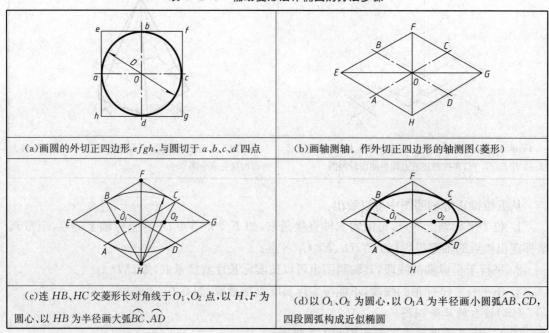

(a)画圆的外切正四边形 *efgh*,与圆切于 *a*、*b*、*c*、*d* 四点	(b)画轴测轴。作外切正四边形的轴测图(菱形)
(c)连 *HB*、*HC* 交菱形长对角线于 O_1、O_2 点,以 *H*、*F* 为圆心,以 *HB* 为半径画大弧$\overset{\frown}{BC}$、$\overset{\frown}{AD}$	(d)以 O_1、O_2 为圆心,以 O_1A 为半径画小圆弧$\overset{\frown}{AB}$、$\overset{\frown}{CD}$,四段圆弧构成近似椭圆

图 4 - 2 - 3 所示为底面平行于三个坐标面圆的正等测图。由图可知:椭圆的长轴在菱形的长对角线上,而短轴在短对角线上。长轴的方向分别垂直于与该坐标面垂直的轴测轴(如平

行于 XOY 面内的椭圆,其长轴垂直于 O_1Z_1 轴),而短轴则分别与相应的轴测轴平行。当采用简化的轴向变化率作椭圆时,长轴$\approx 1.22d$,短轴$\approx 0.7d$(d 为圆的直径)。

如果形体上的圆不平行于坐标平面,则不能用辅助菱形法作图。

(二)圆柱的正等测图

由表 4-2-4(a)可知,圆柱的轴线是铅垂线,上、下底圆是水平面,即圆面位于 XOY 坐标面内,取上底圆心为原点,根据圆柱的直径和高度,完成圆柱的正等测图。作图步骤如表 4-2-4 所示。

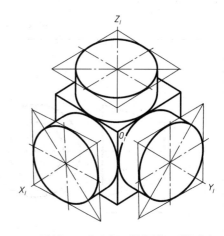

图 4-2-3 平行于三个坐标面的圆的正等测图

表 4-2-4 圆柱正等测图作图步骤

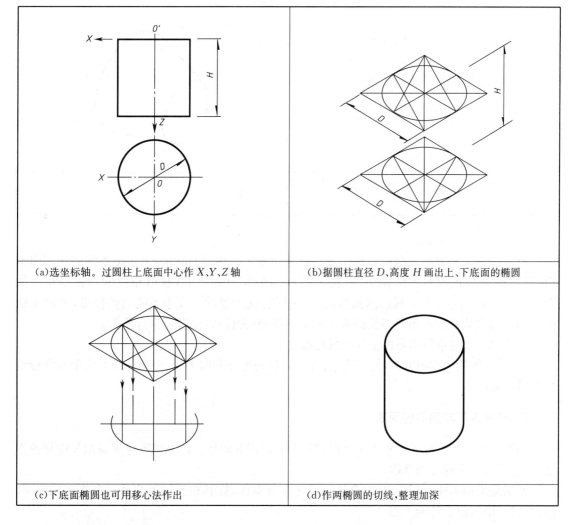

(a)选坐标轴。过圆柱上底面中心作 X、Y、Z 轴	(b)据圆柱直径 D、高度 H 画出上、下底面的椭圆
(c)下底面椭圆也可用移心法作出	(d)作两椭圆的切线,整理加深

(三)圆台的正等测图

表 4-2-5 所示为圆台正等测图的作图步骤。

表 4-2-5　圆台正等测图作图的步骤

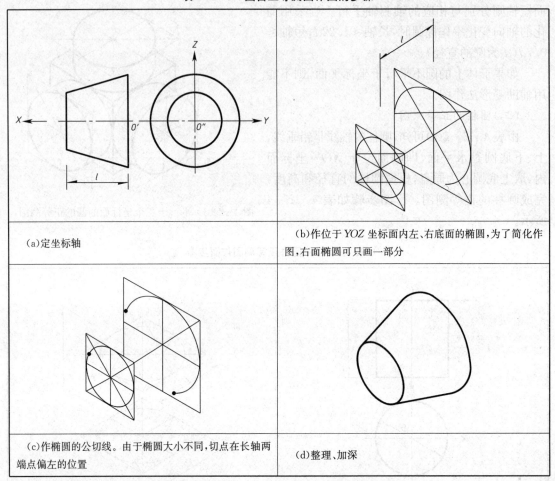

(a)定坐标轴	(b)作位于 YOZ 坐标面内左、右底面的椭圆,为了简化作图,右面椭圆可只画一部分
(c)作椭圆的公切线。由于椭圆大小不同,切点在长轴两端点偏左的位置	(d)整理、加深

（四）圆角的正等测图

图 4-2-4(a)是带圆角的矩形底板。对于四分之一圆周的圆角,不必把整圆的轴测图画出,只要根据圆正等测图的做法,直接定出所需的切点和圆心,画出相应的圆弧即可。如图 4-2-4(b)所示矩形底板的两圆弧,其轴测图可视为椭圆上大小不同的两段弧,该两弧圆心 O_1、O_2 可自切点作圆弧两切线的垂线相交而得到(为什么,读者可自行分析)。

图 4-2-5 为带圆角底板正等测图的做法。

综上,正等测图作图方便,易于度量,尤其是柱类形体和两个、三个坐标面上均带有圆形结构者更宜采用。

四、组合体正等测图的画法

一般组合体均可看成由基本体叠加、挖切而成,因此画组合体轴测图也用**叠加**和**挖切**的方法,但它们都以坐标法为基础。

叠加是采用形体分析法,将组合体分成几个基本体,按其相互位置关系逐个作其轴测图,使之叠加,即得组合体轴测图。

图 4-2-6(a)为挡土墙的投影图,图 4-2-6(b)、(c)为其正等测图的叠加画法,再整理加深,完成全图。

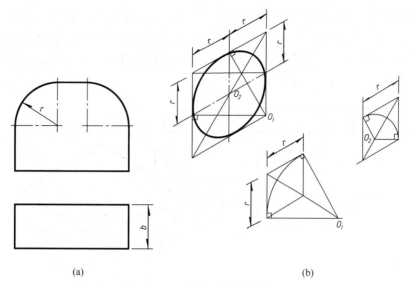

(a)   (b)

图 4-2-4   圆角正等测图的画法

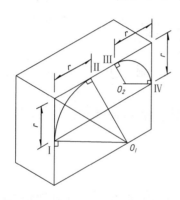
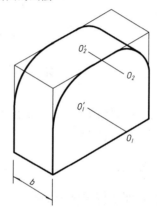

(a) 作长方形底板正等测图；
在底板前面定出切点Ⅰ、Ⅱ、
Ⅲ、Ⅳ及圆心 O_1、O_2，作出
圆弧

(b) 用移心法作出底板后面
圆弧并作出小圆弧公切
线，整理加深

图 4-2-5   带圆角底板正等测图的画法

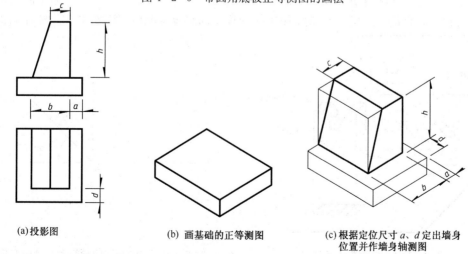

(a) 投影图   (b) 画基础的正等测图   (c) 根据定位尺寸 a、d 定出墙身
                                                           位置并作墙身轴测图

图 4-2-6   挡土墙(叠加法)

　　由于轴测图中一般不画虚线,为了减少图线重叠,可先画墙身,后画基础的可见部分。

　　挖切是将组合体视为某个完整的基本体,再将切角、孔槽等挖去而得到所需的形体。

　　图 4 - 2 - 7 所示榫头,可看成将四棱柱左端的前、后均切掉一小四棱柱,再在其右各切掉一小三棱柱而成。具体作图读者可自行分析。

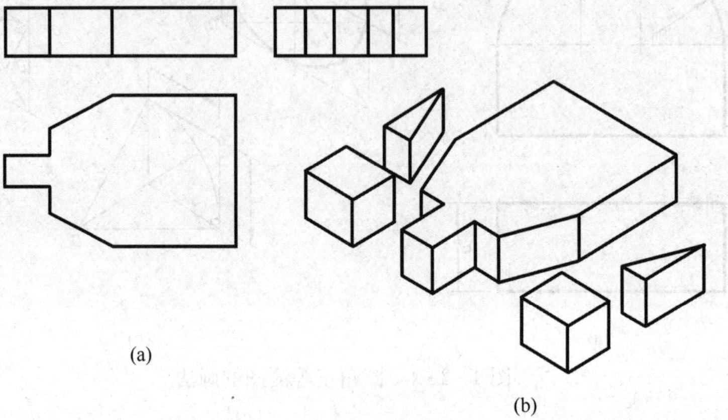

(a)

(b)

图 4 - 2 - 7　榫头(挖切法)

第三节　斜 轴 测 图

　　不改变形体对投影面的位置,而使投影方向倾斜于投影面,如图 4 - 3 - 1 所示,即得到斜轴测投影图,简称斜轴测图。

一、正面斜轴测图

　　以 V 面或 V 面平行面作为轴测投影面所得到的斜轴测图,称为正面斜轴测图。

(一)轴间角及轴向变化率

　　由于形体的 XOZ 坐标平面平行于轴测投影面,因而 X、Z 轴的投影 X_1、Z_1 轴互相垂直,且投影长度不变,即轴向变化率 $p = r = 1$。又因投影方向可为多种,故 Y 轴的投影方向和变化率也有多种。为了作图简便,常取 Y_1 轴与水平线成 $45°(30°、60°)$,图 4 - 3 - 2 为正面斜轴测图的轴间角和轴向变化率。当 $q = 1$ 时,作出的图称正面斜等轴测图(简称斜等测图);若取 $q =$

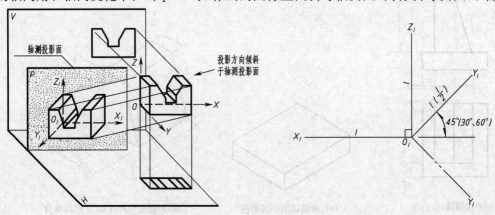

图 4 - 3 - 1　斜轴测图的形成　　　　　　图 4 - 3 - 2　正面斜轴测图的轴间角及轴向变化率

1/2时,作出的图称正面斜二轴测图(简称斜二测图)。斜轴测图能反映正面实形,作图简便,直观性较强,因此用得较多。当形体上的某一个面形状复杂或曲线较多时,用该法作图更佳,如图4-3-3所示。房屋给排水工程图的管网系统图也采用此法作图,如图4-3-4所示。

图4-3-3 立体的斜二测图

(二)正面斜轴测图的画法

表4-3-1所示为六棱台斜二测图的作图方法步骤。

若柱体(棱柱、圆柱)的端面平行于坐标平面 XOZ,其斜二测图保持原形,作图尤为简便。图4-3-5所示为空心砌块的斜二测图。图中的轴测投影方向为从左下到右上。

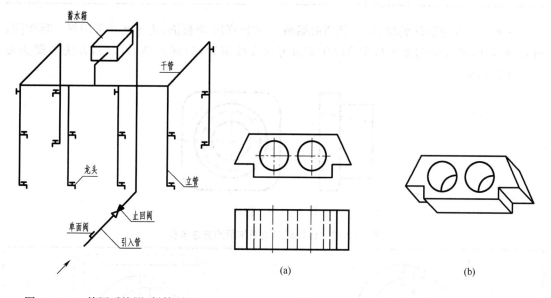

(a)

(b)

图4-3-4 管网系统图(斜等测图)

图4-3-5 空心砌块的斜二测图

表4-3-1 六棱台斜二测图作图的方法步骤

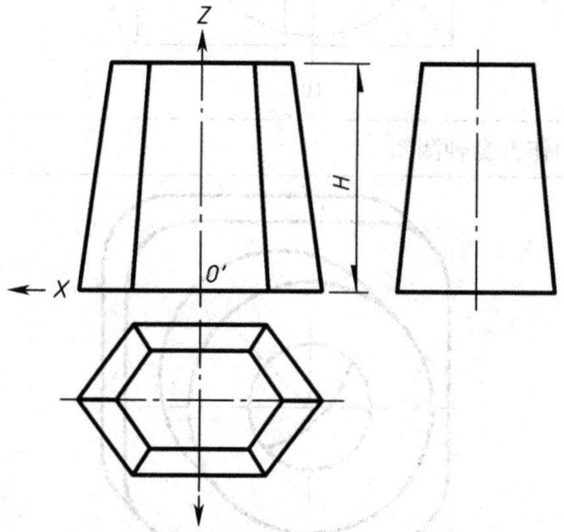 (a)确定原点,画出坐标轴	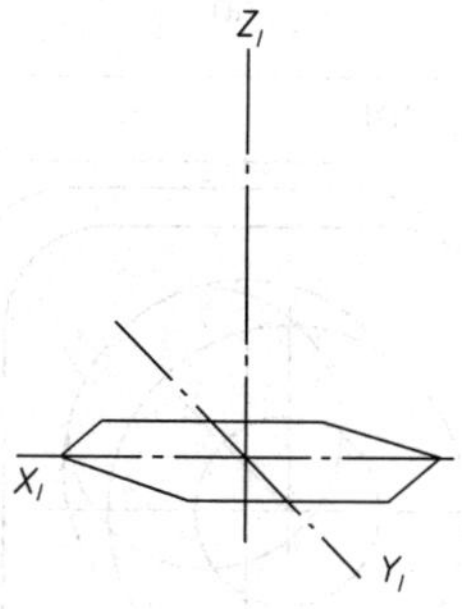 (b)画轴测图,完成底面六边形轴测图

续上表

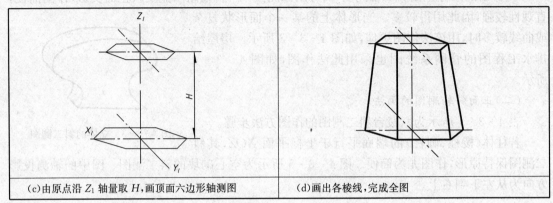

(c)由原点沿 Z_1 轴量取 H,画顶面六边形轴测图	(d)画出各棱线,完成全图

图 4 - 3 - 6 为锚环的投影图,其圆形端面平行于 YOZ 坐标面,为了便于采用斜二测作图,可转动锚环,使其圆端面平行于 XOZ(实为选择安放位置,后述),然后作图,方法步骤如表 4 - 3 - 2 所示。

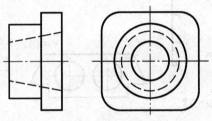

图 4 - 3 - 6 锚环

表 4 - 3 - 2 锚环斜二测图作图的方法步骤

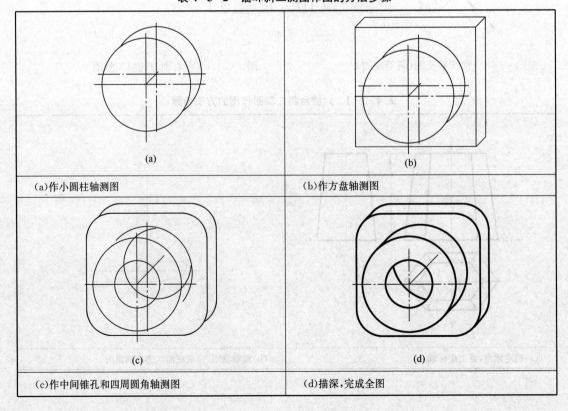

(a)作小圆柱轴测图	(b)作方盘轴测图
(c)作中间锥孔和四周圆角轴测图	(d)描深,完成全图

斜等测图与斜二测图的画法相同,区别仅在于 $q=1$。读者可自行试画。

二、水平斜轴测图

使形体上 XOY 坐标面平行于轴测投影面(水平面),所得到的斜轴测图称**水平斜轴测图**。由于它能反映形体上水平面的实形,故特别宜于表现建筑群。作图时通常将 Z_1 轴画成铅垂方向,X_1、Y_1 夹角为 $90°$,使它们与水平线分别成 $30°$、$60°$角,令 $p=q=r=1$。

图 4-3-7 表示建筑小区的水平斜轴测图。其作图步骤为:

1. 根据小区特点,将其水平投影转动 $30°(60°)$;
2. 过各个房屋水平投影的转折点向下作垂线,使之等于房屋的高度;
3. 连接相应端点,去掉不可见线,加深可见线,即得小区的水平斜轴测图。

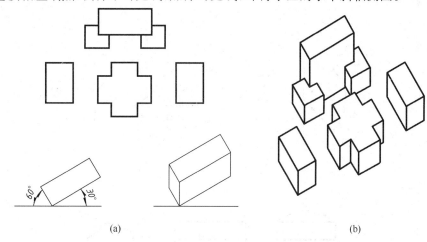

(a)　　　　　　　　　　　　　　(b)

图 4-3-7　建筑小区的水平斜轴测图

第四节　轴测图的选择

选择轴测图的类型时,可根据画出的轴测图立体感是否强、图样是否清晰、作图是否简便的原则进行作图。

一、图样要富有立体感

为达到轴测图有较好的图示效果,作轴测图时,应尽量避免:**形体转角处交线的轴测投影形成一条直线,或形体的某一侧面的轴测投影积聚成一条直线的情况。**

图 4-4-1(a)所示柱的正等测图中,其转角上下成为一条直线,不仅不能表达该处的形象,还会影响其他部分的表达效果,而柱的斜二测图则立体感更好。图 4-4-1(b)中,形体的斜二测图,其后上方侧面积聚成一条线,虽然可以通过改变 Y_1 角度改善图示效果,但选用正等测图则表达效果更好。确定形体的侧面或转角,在轴测图中是否会形成直线的方法是,**根据轴测投影方向的三面投影来决定。**经推证可知,正等测图、斜二测图投影方向的三面投影如图 4-4-2(a)、(b)所示。

当形体表面的积聚投影或两面交线的方向与轴测投影方向的同面投影平行时,其轴测投影必成一直线,如图 4-4-2(c)柱转角的水平投影成 $45°$线,则该柱采用正等测图时立体感就较差;在图 4-4-2(d)中,形体的后上面,其侧面投影积聚成一直线与水平线夹角≈$20°$时,则采用斜二

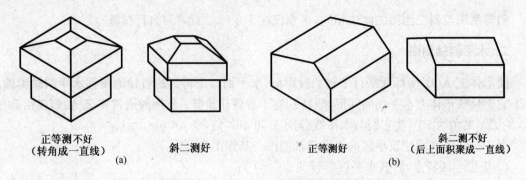

正等测不好
（转角成一直线）
(a)

斜二测好

正等测好

斜二测不好
（后上面积聚成一直线）
(b)

图 4 - 4 - 1　正等测、斜二测图直观效果的比较

测图表达效果必然要差。

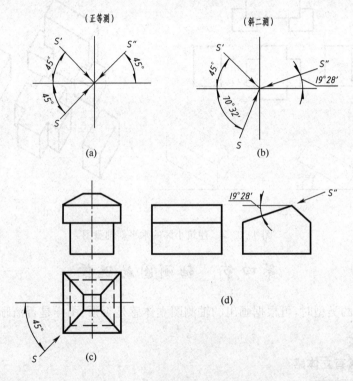

图 4 - 4 - 2　判别轴测图直观性的方法

二、图形要完整清晰

选择轴测图时，还应注意使所画出的图形能充分显示该形体的主要部分（外形、孔洞）的形状和大小，使被遮挡的部分较少，且不影响整体形状的表达，如图 4 - 4 - 3 所示。

三、作图应简便

作图方法是否简便，直接影响绘图的速度和质量。

正等测图接近于视觉，较为悦目，且作图简便，尤其形体的三个坐标面上均有圆（轴测图中为椭圆）时，采用正等测图为宜，若形体某一面的形状复杂或曲线较多时，则采用斜二测图较好，如图 4 - 4 - 4所示。

影响轴测图表达效果的因素,还应考虑形体的安放位置,如图 4 - 4 - 5(b)所示,就不如图 4 - 4 - 5(a)好;作轴测图还应选择有利的观察方向,以正等测图为例,有四种投影方向可供选择,如图 4 - 4 - 6 所示。

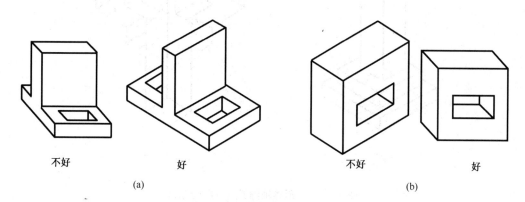

不好　　　　　好　　　　　　　　不好　　　　　好

(a)　　　　　　　　　　　　　　　　　(b)

图 4 - 4 - 3　轴测图的清晰性比较

(a) 正等测图　　　(b) 斜二测图　　　　　　(a) 好　　　　　(b) 不好

图 4 - 4 - 4　轴测图作图的简便性比较　　　图 4 - 4 - 5　形体安放位置的比较

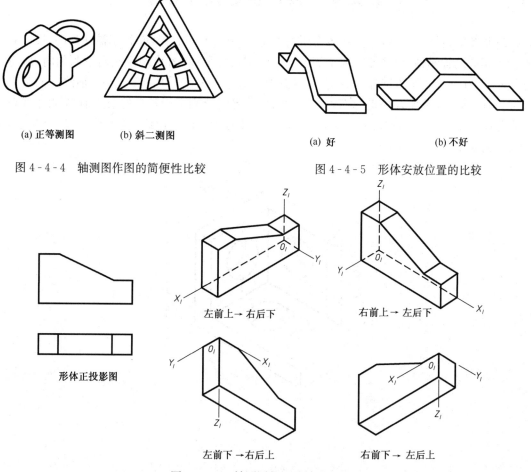

左前上→右后下　　　　　　右前上→左后下

形体正投影图

左前下→右后上　　　　　　右前下→左后上

图 4 - 4 - 6　轴测图的四种投影方向

试分析图 4 - 4 - 7(a)柱基础、图 4 - 4 - 7(b)板梁柱节点的轴测投影方向是如何选择的,为什么?

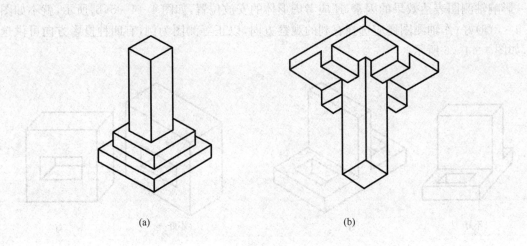

(a)　　　　　　　　　　　　　　　(b)

图 4-4-7　形体轴测投影方向的选择

第五节　轴测图的尺寸标注

　　轴测图的线性尺寸,应标注在各自所在的坐标平面内。尺寸线平行于被注长度,尺寸界线平行于相应的轴测轴,尺寸数字的字头方向平行于尺寸界线,若出现字头向下倾斜时,应将尺寸线断开,在该处水平方向注写数字,轴测图中的起止符号仍采用单边箭头;轴测图的圆直径尺寸,也应标注在圆所在的坐标面内,尺寸线、尺寸界线分别平行各自的轴测轴,圆弧半径及小圆直径尺寸可引出标注,但尺寸数字应注写在平行于轴测轴的引出线上,如图 4-5-1 所示(图中尺寸尚未注全)。

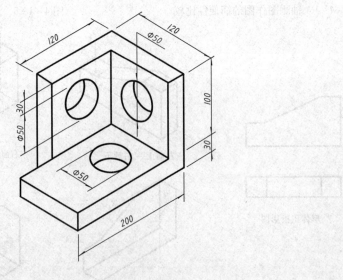

图 4-5-1　轴测图的尺寸标注

第六节　截切体轴测图的画法

　　画截切体的轴测图,一般先画出基本体的轴测图,再确定截交线的轴测图。

图 4 - 6 - 1 为一四棱柱截切体的三面投影图。表 4 - 6 - 1 为该形体斜二测图的画法。

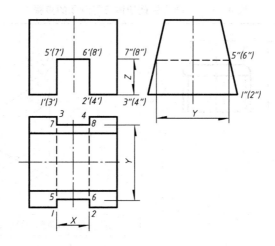

图 4 - 6 - 1　四棱柱截切体三面投影图

表 4 - 6 - 1　画四棱柱截切体斜二测图的步骤

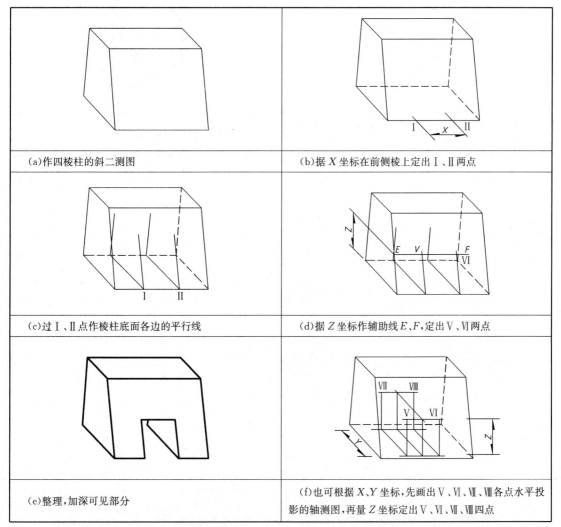

(a)作四棱柱的斜二测图	(b)据 X 坐标在前侧棱上定出Ⅰ、Ⅱ两点
(c)过Ⅰ、Ⅱ点作棱柱底面各边的平行线	(d)据 Z 坐标作辅助线 E、F,定出Ⅴ、Ⅵ两点
(e)整理,加深可见部分	(f)也可根据 X、Y 坐标,先画出Ⅴ、Ⅵ、Ⅶ、Ⅷ各点水平投影的轴测图,再量 Z 坐标定出Ⅴ、Ⅵ、Ⅶ、Ⅷ四点

表 4 - 6 - 2 所示为圆柱截切体正等测图的作图步骤。

表 4 - 6 - 2　画圆柱截切体正等测图的步骤

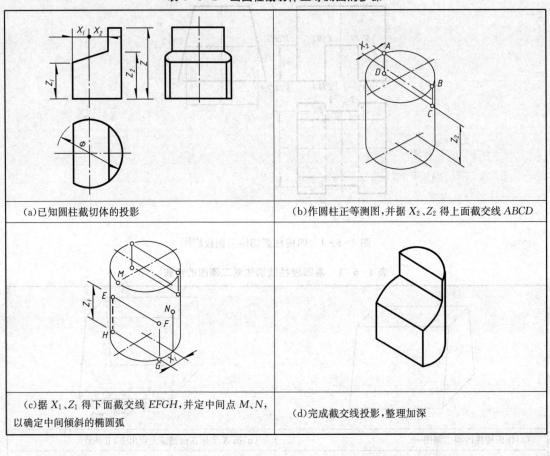

(a)已知圆柱截切体的投影	(b)作圆柱正等测图,并据 X_2、Z_2 得上面截交线 $ABCD$

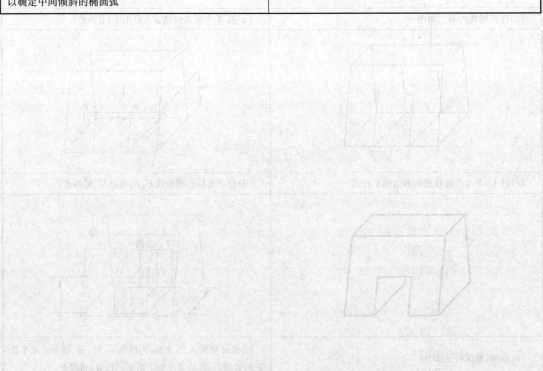

(c)据 X_1、Z_1 得下面截交线 $EFGH$,并定中间点 M、N,以确定中间倾斜的椭圆弧	(d)完成截交线投影,整理加深

第五章

表达物体的常用方法

用三面投影图表达物体是图示法中最基本的方法,但在铁路工程中许多建筑物仅用三面投影图很难将其表达清楚,因而还需采用其他画法。本章着重介绍《铁路工程制图标准 TB/T 10058—98》中有关投影法、图样布置、剖面、断面及简化画法,同时对铁路工程图中常用的习惯画法也作简要说明。

第一节　投　影　图

一、六面投影图

在原有的三个投影图的基础上,再增设三个投影图,投影方向和投影图如图 5-1-1 所示。

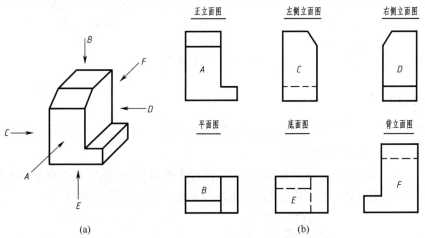

图 5-1-1　物体的六面投影图

(一)六面投影图的名称

正立面图(正面图)——正面投影图;

平面图——水平投影图;

左侧立面图(左侧面图)——侧面投影图;

右侧立面图(右侧面图)——从右向左投影;

背立面图(背面图)——从后向前投影;

底面图——从下向上投影。

(二)画六面投影图的注意事项

画六面投影图时应注意以下两点,如图 5-1-1(b)所示:

1. 在同一张图纸上绘制几个投影时,其顺序宜按主次关系,从左至右依次排列;

2. 每个图样一般均应标注图名,图名宜标注在图样的上方居中,并在图名下绘一粗横线,其长度应与图名所占长度相同。

二、展 开 图

建筑物的立面部分,如与投影面不平行时(如圆形、折线形、曲线形等),可将该部分展至与投影面平行,再以直接正投影法绘制,并在图名后注写"展开"字样,如图 5-1-2 所示。

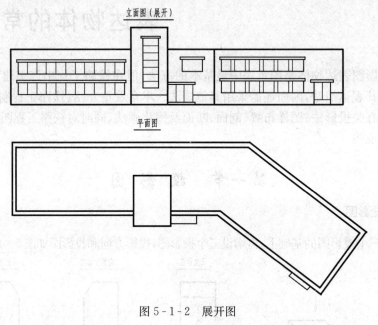

图 5-1-2 展开图

三、镜像投影图

当物体的形象不易用直接正投影法表达时,如房屋顶棚的装饰、灯具等,可用镜像投影法绘制,但应在图名后注写"镜像"两字。

如图 5-1-3 所示,把镜面放在物体下面,代替水平投影面,在镜面中反射到的图像称"平面图(镜像)"。由图可知,它和用直接正投影法绘制的平面图是不相同的。

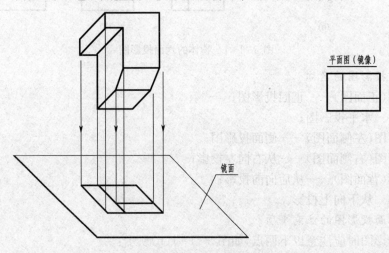

图 5-1-3 镜像投影法

第二节　剖　面　图

工程建筑物内部构造比较复杂时,在投影图中就出现较多的虚线,会影响图示效果,也不便于标注尺寸,如图5-2-1所示U形桥台,为了清楚地表达其结构的内部形状,常采用剖面的方法。

一、剖面图的基本概念

假想用剖切平面在适当的位置将物体剖开,移去观察者和剖切平面之间的部分,将剩余部分进行投影,并在物体的截面(剖切平面与物体接触部分)上画出工程材料图例所得到的图形称剖面图(简称剖面),图5-2-2为U形桥台的剖面图。显然,在剖面图中,台体及其内部的空心部分均可清晰地表达出来。

二、剖面图的画法及标注

(一)剖切面和投影面平行

为了使剖面图能充分反映物体内部的实形,剖切面应和投影面平行,并且常使剖切面与物体的对称面重合或通过物体上的孔、洞、槽等隐蔽部分的中心,如图5-2-2(a)所示,图中剖切面P平行于V面。

(二)画完整的剖切面

物体的剖切是假想的,因此,在画物体的其他投影图时,仍按完整的形状画出,如图5-2-2(a)所示。

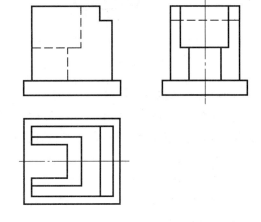

图5-2-1　U形桥台的投影图

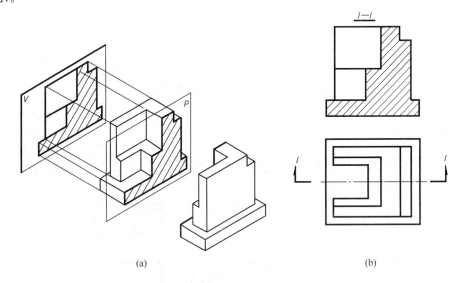

(a)　　　　　　　　　　(b)

图5-2-2　剖面图的形成

(三)画出剖切面后方的可见部分

物体剖开后,剖切平面后方的可见部分应画全,不得遗漏。图5-2-3(b)即为圆形沉井正面图中的阶梯孔遗漏图线,且平面图不完整。

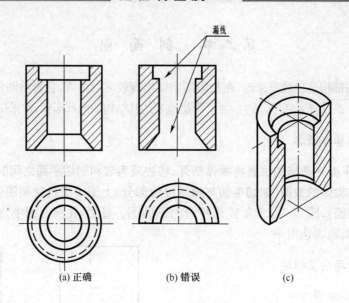

(a) 正确   (b) 错误   (c)

图 5 - 2 - 3　圆形沉井

(四)画出工程材料图例

在剖面图中,需在截面上画出工程材料图例。常用的工程材料图例见表 5 - 2 - 1。图例中的斜线多为 45°细实线。图例线应间隔均匀,角度准确。

当工程材料不确定时,可用 45°细实线表示。

(五)图中虚线省略

在剖面图中,对于已经表达清楚的结构,其虚线可省略不画,如图 5 - 2 - 2(b)中省去了基础顶面之虚线。

(六)剖面图的标注

如图 5 - 2 - 2(b)所示,剖面图中需用剖切符号表示剖面图的剖切位置和投影方向。

1. 用剖切位置线表示剖切位置。剖切位置线实质上是剖切面的积聚投影,但不应与其他图线相接触。规定用长 6～10 mm 的粗实线表示。

表 5 - 2 - 1　常用工程材料图例(摘选)

名　称	图　例	说　明	名　称	图　例	说　明
自然土壤		包括各种自然土壤	天然石材		包括岩层、砌体、铺地、贴面等材料
夯实土壤			毛　石		
砂灰土		靠近轮廓线的点较密	普通砖		
砂砾石碎砖三合土			耐火砖		包括耐酸砖等

续上表

名　称	图　例	说　明	名　称	图　例	说　明
空心砖		包括各种多孔砖	金　属		1. 包括各种金属 2. 图形小时可涂黑
混凝土		1. 本图例仅适用于能承重的混凝土及钢筋混凝土 2. 包括各种强度骨料添加剂的混凝土 3. 在剖面图上画出钢筋时不画图例线 4. 如断面较窄不易画图例线时,可涂黑	防水材料		构造层次多和比例较大时采用上面图例
钢筋混凝土			粉　刷		本图例用较稀的点表示
木　材		1. 上图为横断面 2. 下图为纵断面			

2. 用剖视方向线表示剖面的投影方向。剖视方向线垂直于剖切位置线,用长 4～6 mm 的粗实线表示,并带有单边箭头,表示投影方向。

3. 剖切符号的编号,采用阿拉伯数字,由左至右,由上至下按顺序连续编写,编号数字一律水平方向注写在剖视方向线的端部,在相应的剖面图上需注出"×—×剖面"字样。图 5 - 2 - 2(b) 中的 1—1 剖面,表示由前向后投影得到的剖面图。

为了简化图纸,有时"剖面"二字也可以省略不写。

三、常用的几种剖切方法

（一）用一个剖切面剖切

1. 用一个剖切面把物体完全剖开得到的剖面图称**全剖面图**,简称**全剖**,如图 5 - 2 - 4 所示。

全剖面多用于物体的投影图形不对称时,对于外形简单且在其他投影图中外形已表达清楚的物体,虽其投影图形对称也可画成全剖。

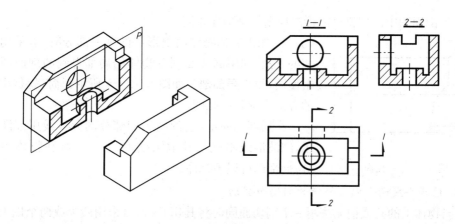

图 5 - 2 - 4　箱体全剖面图

剖面图的配置与投影图相同,应符合投影关系,如图5-2-4中的正面图及左侧面图,均采用了全剖面的画法。

2. 当物体具有对称平面且外形又较复杂时,在垂直于对称面的投影面上的投影可以以对称线为界,一半画成剖面图,另一半仍保留外形投影图,这种画法称**半剖面图**,简称**半剖**。如图5-2-5(a)所示空心桥墩的三个投影图,均采用了半剖。图5-2-5(b)是其轴测图。

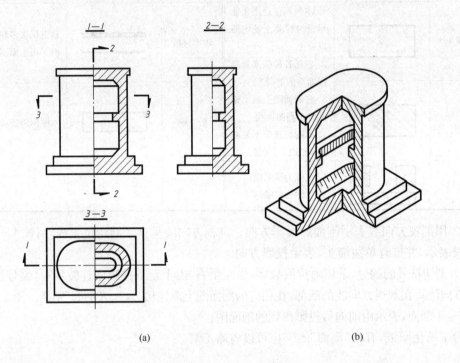

(a)   (b)

图5-2-5 空心桥墩

作半剖面图时,应注意以下几点:

(1)半剖面图与半投影图以点画线为分界线,剖面部分一般画在垂直对称线的右侧或水平对称线的下方;

(2)由于物体的内部形状已经在半剖面中表达清楚,在另一半投影图上就不必再画出虚线;

(3)半剖面图中剖切符号的标注规则与全剖面相同。

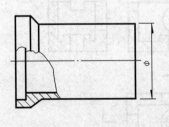

图5-2-6 瓦筒

3. 如需表达物体内部形状的某一部分时,可采用局部剖切的方法,即用剖切面剖开物体的局部得到的剖面图称**局部剖面图**,简称**局部剖**。如图5-2-6所示瓦筒,就是用局部剖的方法表示其内孔的。

在局部剖面中,已剖与未剖部分的分界线用细波浪线表示,细波浪线不能与其他图线重合,且应画在物体的实体部分;局部剖可以不标注。

(二)用两个或两个以上平行的剖切面剖切

1. 当物体上的孔或槽无法用一个剖切面同时将其切开时,可采用两个或两个以上相互平行的剖切面将其剖开,这样画出的剖面图称**阶梯剖面图**,简称**阶梯剖**。图5-2-7为钢轨垫板的阶梯剖面图。

画阶梯剖时应注意以下几点：

(1)在剖面图上不画出剖切平面转折棱线的投影，如图5-2-7(b)中箭头所指的棱线，而看成由一个剖切面全剖开物体所画出的图；

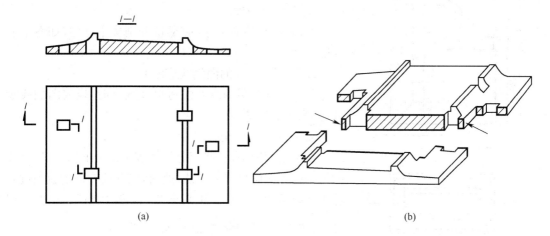

(a)　　　　　　　　　　　　　(b)

图5-2-7　钢轨垫板

(2)剖切位置线的转折处不应与图上的轮廓线重合、相交；

(3)画阶梯剖时，必须标注剖切符号，如图5-2-7(a)中的1—1，在转折处如与其他图线混淆，应在转角的外侧加注相同的编号。一般用两个平行的剖切面为宜。

2. 分层剖切剖面图。在建筑图样中，为了表达建筑形体局部的构造层次，常按层次以波浪线将各层隔开来画出其剖面图，如图5-2-8所示，图中的波浪线不应与任何图线重合。

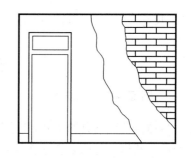

图5-2-8　分层剖面图

(三)用两个或两个以上相交的剖切面剖切

如图5-2-9所示，用此法剖切时，应在剖面图的图名后加注"展开"字样。

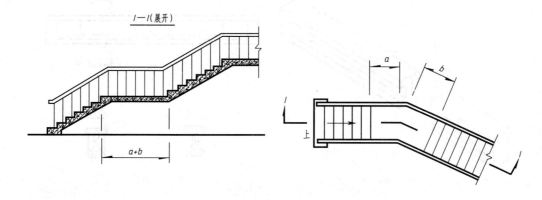

图5-2-9　两个相交的剖切面剖切

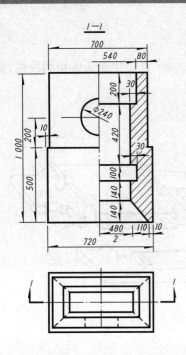

图 5-2-10　剖面图的尺寸标注

$\phi 240$，尺寸线的另一端应稍过圆心。

四、剖面图上的尺寸标注

如图 5-2-10 所示，剖面图中标注尺寸除应遵守前面各章述及的方法和规则外，还应注意以下几点：

1. 尺寸集中标注

物体的内、外形尺寸，应尽量分别集中标注，如图中的高度尺寸。

2. 注写尺寸处的图例线应断开

如需在画有图例线处注写尺寸数字时，应将图例线断开，如图中的尺寸 30。

3. 对称结构的全长尺寸注法

在半剖面图中，有些部分只能表示出全形的一半，尺寸的另一端无法画出尺寸界线，此时，尺寸线在该端应超过对称中心线或轴线，尺寸注其全长，如图中的 540。也可用"二分之一全长"的形式注出，如 $\dfrac{480}{2}$ 等。

4. 作半剖面时，仍标注直径尺寸

由于作半剖面而使整圆成为半圆时，仍按直径标注，如

第三节　断 面 图

一、断面图的基本概念

当物体某些部分的形状，用投影图不易表达清楚，又没必要画出剖面图时，可采用断面图来表示。断面图是用来表达物体某一局部断面形状的图形。

所谓断面图（也称截面图），即假想用一个剖切平面，将物体某部分切断，仅画出剖切面切到部分的图形。在断面上应画出材料图例。

图 5-3-1(a)为预制混凝土梁的立体图，假想被剖切面 1 截断后，将其投影到与剖切面平

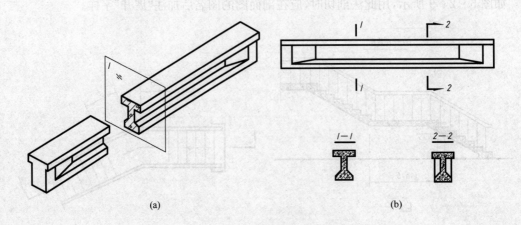

(a)　　　　　　　　　　　　　　(b)

图 5-3-1　钢筋混凝土梁

行的投影面上,所得到的图形如图 5-3-1(b)所示,称 1—1 断面图。它与剖面图 2—2 比较,仅画出了剖切面与梁接触部分的形状,而剖面图还要绘出剖切面后面可见部分的投影。

二、断面图的标注及画法

（一）标　　注

断面图只需标注剖切位置线(长 6～10 mm 的粗实线),并用编号的注写位置来表示投影方向,还要在相应的断面图上注出"×—×断面"字样。图 5-3-1(b)中的 1—1 断面表示从左向右投影得到的断面图。为了简化图纸,有时"断面"二字也可以省略不注。

（二）画　　法

1. 将断面图画在投影图轮廓线外的适当位置,称为**移出断面**。

画移出断面时应注意以下几点:

(1)断面轮廓线为粗实线。

(2)移出断面可画在剖切位置线的延长线上,如图 5-3-2(a)所示,也可以画在投影图的一端,如图 5-3-2(b)所示,或画在物体的中断处,如图 5-3-2(c)所示。

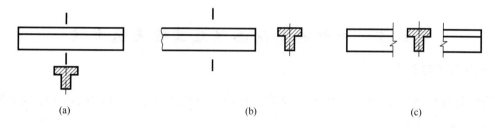

(a)　　　　　　　　　　(b)　　　　　　　　　　(c)

图 5-3-2　T 梁断面图

(3)作对称物体的移出断面,可以仅画出剖切位置线,如图 5-3-2 所示;物体不对称时,除注出剖切位置线外,还需注出数字以示投影方向,如图 5-3-3 所示。

(4)当物体需作多个断面时,断面图应排列整齐,如图 5-3-3 所示。

2. 将断面图画在物体投影的轮廓线内,称**重合断面**。

画重合断面时应注意以下几点:

(1)重合断面的轮廓线一般用细实线画出,如图 5-3-4 所示。

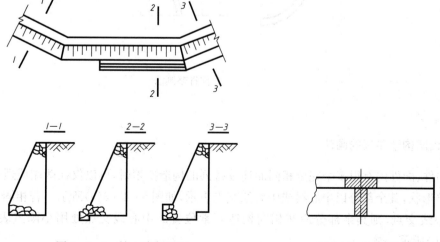

图 5-3-3　挡土墙断面图　　　　　　　图 5-3-4　重合断面

（2）当图形不对称时，需注出剖切位置线，并注写数字以示投影方向，如图5-3-5(a)所示，对称图形可省去标注，如图5-3-4所示。

（3）断面轮廓线与投影轮廓线重合时，投影图的轮廓线需要完整地画出，不可间断，如图5-3-5(a)所示。图5-3-5(b)的画法及标注均有错误。

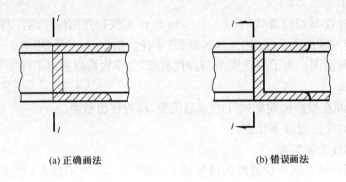

(a) 正确画法　　　　　　　　　　　　(b) 错误画法

图5-3-5　不对称构件重合断面画法

第四节　图样的简化画法及其他表达方法

一、对称省略画法

物体对称时，允许以中心线为界，只画出图形的一半或四分之一，此时应在中心线上画出对称符号，如图5-4-1所示。

对称符号是两条平行等长的细实线，线段长为6～10 mm，间隔为2～3 mm，在中心线两端各画一对，对称线垂直平分于两对平行线，两端超出平行线宽为2～3 mm。

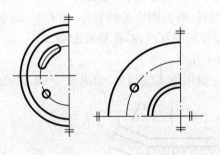

图5-4-1　对称省略画法

二、相同构造要素的画法

在构件、配件内有很多个完全相同而连续排列的构造要素时，可以仅在两端或适当位置画出其完整形状，其余部分以中心线或中心线交点表示，如图5-4-2(a)所示。若相同构造要素少于中心线交点，则其余部分应在相同构造要素位置的中心线交点处用小圆点表示，如图5-4-2(b)所示。

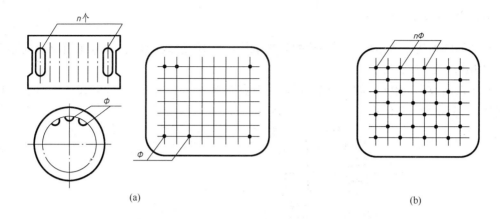

图 5-4-2　相同要素省略画法

三、折断画法

对于较长的构件,如沿长度方向的断面形状相同或按一定规律变化,可以断开省略绘制,断开处以折断线表示,应注意其尺寸仍需按构件全长标注,如图5-4-3所示。

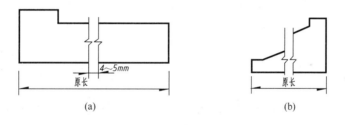

图 5-4-3　折断省略画法

四、连接画法及连接省略画法

一个构配件,如绘制位置不够时,可分成几个部分绘制,并用连接符号表示相连。连接符号以折断线表示需连接的部位,在折断线两端靠图样一侧用大写拉丁字母表示连接符号,两个被连接的图样,必须用相同的字母编号,如图5-4-4所示。

一个构配件,如与另一个构配件仅有部分不相同,该构配件可只画不同部分,但应在其相同与不同部分的分界处,分别绘制连接符号,两个连接符号应对准在同一线上,如图5-4-5所示。

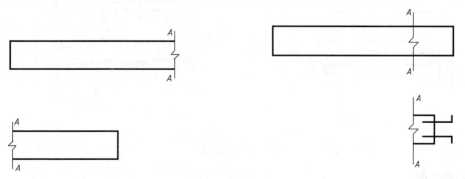

图 5-4-4　连接画法　　　　　　　图 5-4-5　构件局部不同时的省略画法

五、假想画法

在剖面图上为了表示已切除部分的某些结构,可用假想线(双点画线)在相应的投影图上画出,如图 5-4-6(a)所示。

某些弯曲成形的物体,如需要时,也可用双点画线画出其展开形式,以表达弯曲前的形状和尺寸,如图 5-4-6(b)所示。

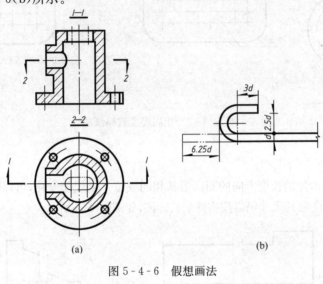

(a)   (b)

图 5-4-6 假想画法

六、详图画法

当结构物某一局部形状较小,图形不够清楚或不便于标注尺寸时,可用较原图大的比例,将该局部单独画出,工程上称详图,也称大样图。

详图应尽量画在基本图附近,可画成投影图、剖面、断面图,采用的比例是指与物体大小之比,其表达形式及比例与原图无关。详图的标注通常是在被放大部位画一细实线小圆,用指引线注写字母或数字,在详图上注出相应的"×详图"字样,如图 5-4-7 所示(铁路工程图中常用习惯画法)。

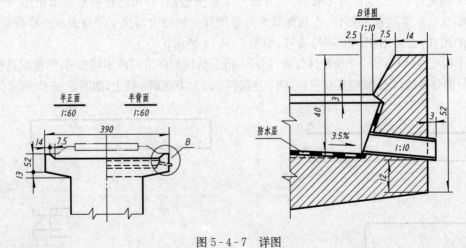

图 5-4-7 详图

七、标高投影

当地形面相当复杂,很难用三面投影将其形状表达清楚时,可对正投影理论进行改造,即

　　在水平投影图上加注形体上特征点、线、面的高程,以高程数字代替立面图的作用,这种投影方法更适宜表达地形面,叫做标高投影。

　　在标高投影中,水平投影面 H 被称作基准面,标高就是空间点到 H 面的距离。一般规定:H 面的标高为零;H 面上方的标高为正值;下方的点标高为负值。

　　在标高投影图上必须附有比例尺及长度单位,长度单位一般为米,如图5-4-8所示。

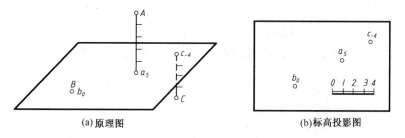

(a)原理图　　　　　　　　　　　　(b)标高投影图

图5-4-8　点的投高投影

　　等高线图(又称地形图)就是标高投影的应用,形成过程和投影图如图5-4-9所示。

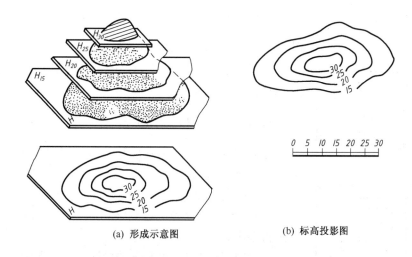

(a) 形成示意图　　　　　　　　(b) 标高投影图

图5-4-9　地形面的标高投影

　　山丘、盆地、山脊、山谷和鞍部的等高线如图5-4-10所示。

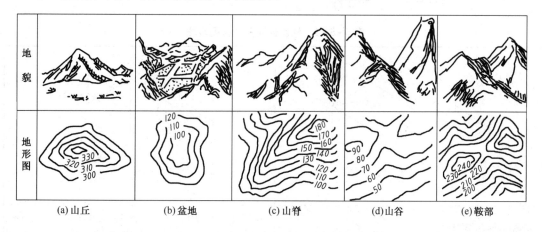

图5-4-10　典型地貌在地形图上的特征

第五节　轴测剖面图的画法

假想用剖切平面将物体轴测图切除一部分,以表达空心形体的内部结构,这种图称**轴测剖面图**。

一、剖切位置的选择

为了清楚地表示形体的内部结构,又不影响外形的表达,尽量不用一个剖切平面,如图5-5-1(a)所示,而采用两个剖切平面,且沿着平行坐标平面的位置切除形体的四分之一,如图

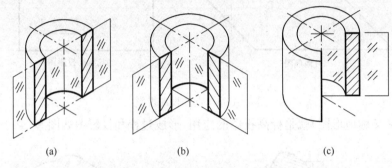

(a) (b) (c)

图5-5-1　轴测剖面图剖切面的选择

5-5-1(b)所示。图5-5-1(c)中虽也使用了两个剖切面,但失真,因而效果不好。

二、轴测剖面图的作图步骤

作如图5-5-2所示杯形基础的轴测剖面图。其作图步骤如表5-5-1所示。

应当注意的是:

(1)作图时要预先考虑到被切除的部分,并将该处的轮廓线画得轻细;

(2)切口处图例线的方向,如图5-5-3所示;

(3)轴测剖面图中物体轮廓线为中粗线,切断面轮廓线画粗实线。

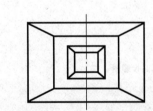

图5-5-2　杯形基础

表5-5-1　轴测剖面图的作图步骤

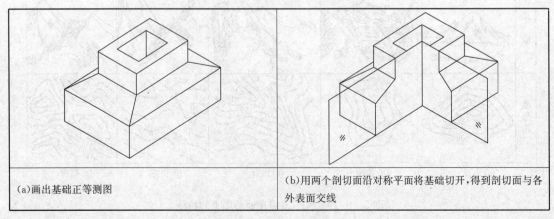

(a)画出基础正等测图	(b)用两个剖切面沿对称平面将基础切开,得到剖切面与各外表面交线

续上表

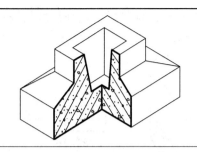 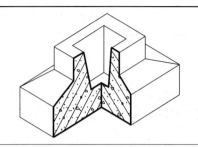

(c) 自基底中心 *O* 沿两剖切面的交线（即 *OZ* 平行线）向上量 *OA*=*h*（杯口底至基底距离），作出杯口底面，连接杯口顶、底对应边的中点，得杯口内形	(d) 整理加深，作出断面材料图例

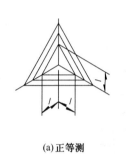 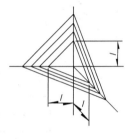 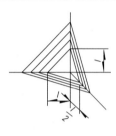

(a) 正等测　　　　　(b) 斜等测　　　　　(c) 斜二测

图 5-5-3　轴测剖面图中图例线的画法

第六节　第三角画法简介

在国际技术交流中，会遇到第三角画法的图纸，下面对第三角画法作一简单介绍。

如图 5-6-1 所示，用三个相互垂直的平面将空间分成八个分角，前面介绍的投影图、剖面等画法均采用国标中规定的第Ⅰ角投影法绘制。若将形体置于第三分角进行投影的画法称第三角画法，如图 5-6-2(a)、(b)、(c) 所示分别为将台阶置于第Ⅲ角中进行投影、展开和其投影图。

第三角投影和第一角投影一样，采用正投影法，因此，用第三角画法得到的投影图之间仍保持"长对正、高平齐、宽相等"的投影规律。其区别是：

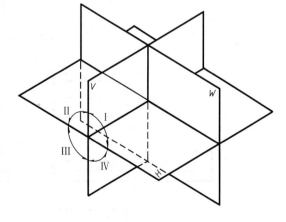

图 5-6-1　八个分角

(1) 观察者、投影面与形体三者相对位置不同。第一角投影顺序为人—形体—投影面，而第三角为人—投影面—形体。

(2) 展开后图样的配置位置不同。第三角画法中"远离正面图的一侧是形体的后面"。

图 5-6-3 示出了第三角与第一角画法投影图配置的比较，可以看出各相应的投影图形完全相同，而它们相对于正面图的位置却不同，如对读第三角投影图不习惯时，只要互换投影图

的位置,即可理解为熟悉的第一角画法。

国际上公认区分第一、三角画法的方法是在图样上画出识别符号。识别符号是按各自画法画出的轴线横放的小圆锥台的两个投影,如图 5-6-3 所示。

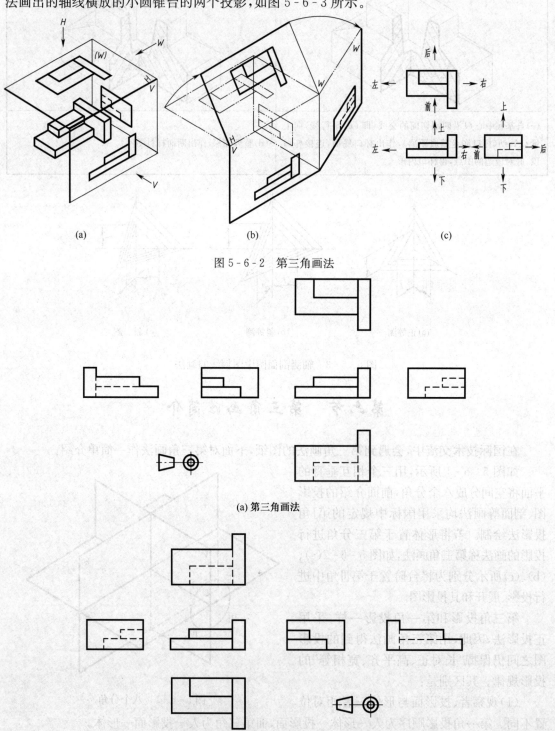

图 5-6-2 第三角画法

(a) 第三角画法

(b) 第一角画法

图 5-6-3 第一角与第三角的画法比较

第六章

钢筋混凝土结构图

钢筋混凝土结构是由钢筋和混凝土两种物理力学性能不同的材料按一定的方式结合成一整体共同承受外力的物体，如钢筋混凝土梁、板、柱等。表达钢筋混凝土结构的图样称为钢筋混凝土结构图。本章重点讲述钢筋混凝土结构图在图示内容和图示方法上的一些特点与要求。针对本章内容的需要，对钢筋混凝土结构的基本知识给予初步的介绍。

第一节　钢筋混凝土基本知识

混凝土是由水泥、砂、石子和水按一定配合比例拌和而成的。混凝土的抗压强度较高，而抗拉强度很低，混凝土因受拉容易产生裂缝乃至断裂，如图 6-1-1 (a)所示，但混凝土的可塑性强，能制成各种类型的构件。为了提高混凝土构件的抗拉能力，通常根据结构的受力需要，在混凝土构件的受拉区内配置一定数量的钢筋，使其与混凝土结合成一个整体，共同承受外力，如图 6-1-1(b)所示。这种配有钢筋的混凝土称钢筋混凝土，其构件称钢筋混凝土构件。在工地现浇的叫现浇钢筋混凝土构件，在工厂预制的叫预制钢筋混凝土构件。如果在制造时先将钢筋进行张拉，使其对混凝土预加一定的压力，以提高构件的抗拉和抗裂性能，这种构件称先张预应力钢筋混凝土构件。

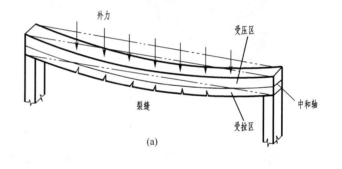

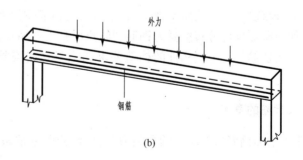

图 6-1-1　钢筋混凝土梁受力示意图

一、钢筋的种类

钢筋可以按不同的方式分类。国产建筑用钢筋按产品品种分类，如表 6-1-1 所列。

若按钢筋在构件中所起的作用分类，可分为下列几种：

（1）受力筋——是构件中主要的受力钢筋，一般布置在混凝土受拉区以承受拉力，称为受拉钢筋，如图 6-1-2 所示。在梁、柱构件中，有时还需配置承受压力的钢筋，称为受压钢筋。

表 6-1-1　钢筋的种类和符号

热轧钢筋				冷拉钢筋	
强度等级	外　形	牌　号	表示符号	强度等级	表示符号
Ⅰ	光圆	Q235	Φ	Ⅰ	Φ'
Ⅱ	（人字纹、螺纹等）变形钢筋	20锰硅等	Ⅎ	Ⅱ	Ⅎ¹
Ⅲ		25锰硅	Ⅎ	Ⅲ	Ⅎ¹
Ⅳ		40硅锰钒 45硅2锰钒等	Ⅎ	Ⅳ	Ⅎ¹
				冷拔低碳钢丝	Φᵇ

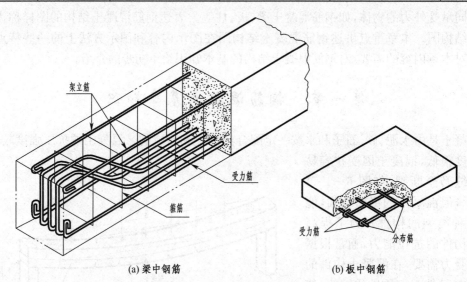

(a) 梁中钢筋　　　　　　　　　(b) 板中钢筋

图 6-1-2　钢筋的种类

(2) 箍筋——用以承受剪力并可固定受力筋的位置,一般用于梁或柱中。

(3) 架立筋——用以固定箍筋的位置,构成梁内钢筋的骨架。

(4) 分布筋——一般用于板式结构中,与受力筋垂直布置,它与板的受力筋一起构成钢筋骨架,使荷载更好地分布给受力钢筋和防止混凝土收缩及温度变化出现的裂缝。

(5) 构造筋——根据构件的构造要求和施工安装需要配置的钢筋,如预埋件、锚固筋、吊环等。

二、钢筋的弯钩

为了增加钢筋与混凝土的黏结力,受拉筋的两端常做成弯钩。常用的弯钩有两种标准形

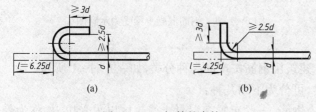

(a)　　　　　　　　(b)

图 6-1-3　钢筋的弯钩

式,其形状和尺寸如图 6-1-3 所示,即半圆形弯钩和直角形弯钩两种。图中用双点画线表示弯钩展直后的长度,这个长度在备料时可用于计算所需要的钢筋总长度(也叫设计长度)。各种直径的钢筋弯钩其换算长

度见表 6 - 1 - 2,也可以通过计算得出。

表 6 - 1 - 2　各种直径钢筋的 l 值

直径(mm) 弯钩长度	6	6.5	8	9	10	12	16	19	20	22	24	25	26
$l=6.25d$	37.5	41	50	56	62.5	75	100	119	125	138	150	156	162
$l=4.25d$	25.5	27.6	34	38.3	42.5	51	68	80.8	85	93.5	102	106.3	110.5

对于图 6 - 1 - 3 所示标准形式的弯钩,图中不必标注详细尺寸。若弯钩或钢筋的弯曲是特殊设计的,则在图中必须另画详图表明其弯曲形式和尺寸。

三、钢筋的弯起

根据构件的受力要求,在布置钢筋时,需将构件下部的部分受力钢筋弯到上边去,这就是钢筋的弯起。在弯起钢筋的弯终点外应留有锚固长度,其长度在受拉区应不小于 $20d$,在受压区应不小于 $10d$。梁中弯起钢筋的弯起角 α 宜取 $45°$ 或 $60°$,如图 6 - 1 - 4 所示,板中如需将钢筋弯起时,可采用 $30°$ 角。

图 6 - 1 - 4　钢筋的弯起

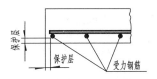

图 6 - 1 - 5　钢筋的保护层

四、钢筋的保护层

为了保护钢筋(防侵蚀、防火等)和保证钢筋与混凝土的黏结力,钢筋外边缘到混凝土表面应保留一定的厚度,此厚度称为钢筋的保护层,如图 6 - 1 - 5 所示。按建筑规范的要求,保护层的最小厚度如表 6 - 1 - 3 所示。对于按规定设置的保护层厚度,在图中可不用标注。

在桥涵工程中,钢筋的保护层要大一些,一般不得小于 30 mm,也不得大于 50 mm,但板的高度小于 300 mm 时,保护层的厚度可减为 20 mm,箍筋的保护层不得小于 15 mm。

表 6 - 1 - 3　钢筋混凝土保护层的厚度

序号	项　　　　目		保护层厚度(mm)
1	板、墙、壳	分布筋	10
		受力筋	15
2	梁和柱	受力筋	25
		箍　筋	15
3	基　础	受力筋　有垫层	35
		无垫层	70

第二节　钢筋布置图的特点

钢筋布置图也是采用正投影法绘制的,在图示方法和尺寸标注等方面有以下特点。

一、基本投影

图 6 - 2 - 1 为钢筋混凝土梁图。为了突出地表达钢筋骨架在构件中的准确位置,假定混凝土是一个透明体,使构件内部的钢筋为可见。

在作投影图时,将构件的外形轮廓线画成细实线,而将其内部的钢筋画成粗实线。按《建筑结构制图标准》的规定,各种不同类型的钢筋,其表示方法按表 6 - 2 - 1 所示的绘制。

表 6 - 2 - 1　一般钢筋的表示方法

序号	名　称	图　例	说　明
1	钢筋横断面	·	
2	无弯钩的钢筋端部		下图表示长短钢筋投影重叠时,为区分短钢筋位置可在短钢筋的端部用45°短划线表示
3	带半圆形弯钩的钢筋端部		
4	带直钩的钢筋端部		
5	带丝扣的钢筋端部		
6	无弯钩的钢筋搭接		
7	带半圆弯钩的钢筋搭接		
8	带直钩的钢筋搭接		
9	套管接头(花篮螺丝)	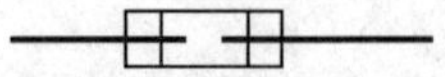	

钢筋布置图中所画的剖面图,主要是表达构件内钢筋的排列情况。**剖面图的剖切位置应布置在钢筋的变化处**,如图 6 - 2 - 1 中的 1—1 剖面、2—2 剖面。在剖面图中不画构件的材料图例,对剖到的钢筋画成黑圆点,未剖到的钢筋及构件的外形轮廓线,仍按规定线型绘制。

为了便于钢筋的加工,应绘出各类钢筋的成型图(也称大样图),它表示各类钢筋的形状和尺寸。钢筋成型图一般画在基本投影图的下方,与基本投影图中对应的钢筋对齐,如图 6 - 2 - 1 所示。

二、钢筋的编号

在同一构件中,为了区分不同形状和尺寸的钢筋,应将其编号,以示区别。编号与标注的方法是:

(1)编号次序按钢筋的直径大小和钢筋的主次来分。如直径大的编在前面,直径小的编在后面;受力钢筋编在前面,箍筋、架立筋、分布筋等编在后面。如图 6 - 2 - 1 中①、②、③为受力筋,均编在前面,而④架立筋、⑤箍筋均编在后面。

(2)将钢筋编号填写在用细实线画的直径为 6～8 mm 的圆圈内,并用引出线引到相应的钢筋上,如图 6 - 2 - 1 所示。也可以在钢筋的引出线上加注字母"N",如图 6 - 2 - 2(c)所示。

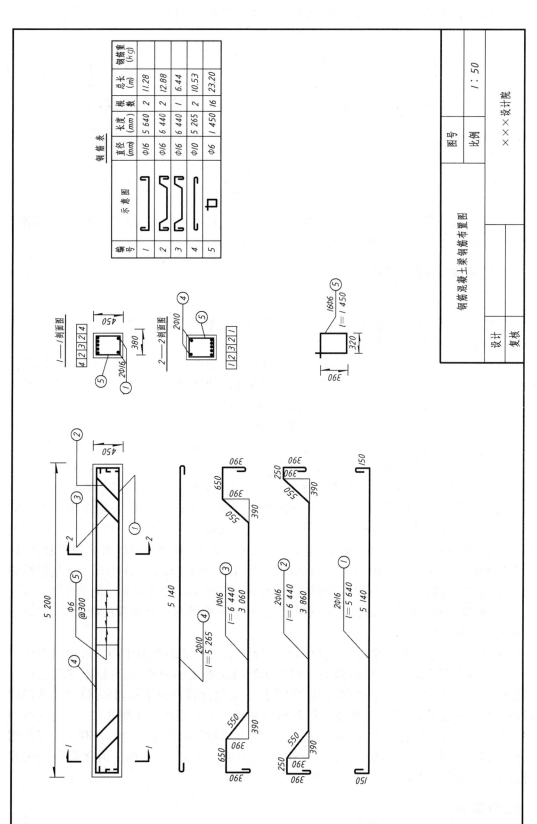

图 6-2-1 钢筋混凝土梁图

(3)若有几种类型钢筋投影重合时,可以将几类钢筋的号码并列写出,如图6-2-2(b)所示。

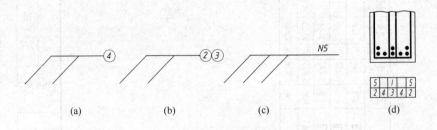

$$(a)\qquad\qquad(b)\qquad\qquad(c)\qquad\qquad(d)$$

图 6-2-2　钢筋的编号注法

(4)如果钢筋数量很多,又相当密集,可采用表格法。即在用细实线画的表格内注写钢筋的编号,以表明图中与之对应的钢筋,如图6-2-2(d)所示。

三、钢筋布置图中尺寸的标注

(一)构件外形尺寸

钢筋混凝土构件外形尺寸的注法,和一般的结构投影图中的尺寸注法一样。

(二)钢筋的尺寸标注

在基本投影图中,一般标注出构件的外形尺寸及钢筋的编号。而在剖面图中,除了标注构件的断面尺寸外,还在钢筋的编号引出线上标注钢筋的根数和直径。如图6-2-1中所示的①,2ϕ16表示2根直径为16 mm的Ⅰ级钢筋,编号为①。

钢筋的成型图反映钢筋在结构中的形状,从图6-2-1可以看出,在钢筋成型图上所标注的各段尺寸,就是钢筋的定形尺寸。成型图上的尺寸数字直接写在各段的旁边,不画尺寸线和尺寸界线。弯起钢筋的斜度用直角三角形注出,如图6-2-1中②、③的钢筋弯起尺寸,均用细实线画一直角三角形,并在其直角边上注出水平距离390,竖直方向390(外皮尺寸),斜边长度为550。成型图的各段尺寸是钢筋中心线线段长度尺寸,而端部带标准弯钩的,则是到弯钩外皮的尺寸(箍筋一般注内皮尺寸)。在成型图的编号引出线上,还标注钢筋的直径、根数和总长度,如②钢筋成型图中所注的2ϕ16,表示该构件有2根直径为16 mm的Ⅰ级钢筋。引出线下面所注$l=6440$,表示②号钢筋的全长为6440 mm。这是钢筋的设计长度,它是各段长度之和再加上两端标准弯钩的长度,即$l=(390+250+550)\times2+3860+2\times6.25\times16=6440$ mm。在铁路桥梁图中,弯筋的弯起高度和箍筋的边长,均以钢筋断面的中心距离标计。

钢筋的定位尺寸一般标注在剖面图中,尺寸界线通过钢筋的断面中心。若钢筋的位置安排符合规范规定的保护层厚度,以及两根钢筋间限定的最小距离,则可以不注其定位尺寸,如图6-2-1中的1—1、2—2剖面图。对于按一定规律排列的钢筋,其定位尺寸常用注解形式写在引出线上,以表示钢筋的直径及相邻钢筋的中心距离。如图6-2-1的立面图中,"ϕ6@300",表示箍筋直径为6 mm的Ⅰ级钢筋,以间距为300 mm均匀排列。为了使图面清晰,同类型、同间距的箍筋,在图上一般可只画两、三个就行了,施工时按等距离布置即可。

四、钢筋表

在钢筋布置图中,需要编制钢筋表,以便施工备料之用。钢筋表一般包括:钢筋编号、品种、钢筋成型示意图、钢筋直径、根数、总长和重量等,如图 6-2-1 中钢筋表内所示。

五、铁路工程钢筋混凝土结构图的绘制要求

1. 在构造图中,各种钢筋应依次标注根数、编号、直径、间距,编号应采用阿拉伯数字表示,在编号前冠以 N 字,N 字前标注根数,或用直径为 6～8 mm 的细实线圆圈圈住编号,再在其前标注根数。

2. 钢筋编号的顺序应先编主要部位,后编次要部位,先主筋后构造筋。

3. 钢筋大样图应布置在钢筋构造图的同一张图纸上。钢筋大样的根数、编号、钢筋的规格、直径、长度按图 6-2-1 标注。

第七章

铁路桥梁工程图

本章介绍的桥梁工程图包括全桥布置图、桥墩图、桥台图及桥跨结构图。通过对这些图的讲解,使读者了解桥梁工程图的特点,掌握桥梁工程图的识读和绘制方法。

第一节　全桥布置图

一、桥位图

在桥址地形图上,画出桥梁的平面位置以及与线路、周围地形、地物关系的图样叫做桥位图。它一般采用较小的比例(如 1∶500、1∶1000、1∶2000 等)绘制,因此在桥位图上,桥梁平面位置的投影均采用图例示意画出,其线路的中心位置乃用粗实线表示。

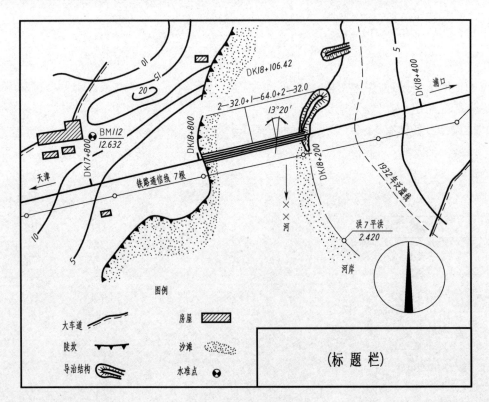

图 7-1-1　桥位图

图 7-1-1 所示的桥位图,除了表示桥梁所在的平面位置、地形和地物外,还表明了线路的里程、水准点位置、河水流向及洪水泛滥的情况。为了表明桥址的方向,图中还画出了指北针,

指北针的画法为:直径 24 的细实线圆,内部中间针尾宽 3 mm,针尖指向正北方。

由图 7-1-1 可知,该桥位处西北的地势较高,最高点的标高为 20 m,东南方向较低。西边有房屋、车道及水准点标志。桥的南侧有通信线,东岸有一条洪水泛滥线,东岸北面有导治建筑物。河水流向为从北向南,河床内有沙滩。

二、全桥布置图

全桥布置图是简化了的全桥主要轮廓的投影图,它由立面图和平面图组成。立面图是由垂直于线路方向向桥孔投影而得到的正面投影图,它反映了全桥的概貌。平面图是假想将上部结构全部拆除后所得到的水平投影图。为了表达墩台的断面形状,在平面图中采用了半平面和半基顶剖面的表达方法。

全桥布置图主要表明桥梁的形式、跨径、孔数、总体尺寸、各主要构件的相互位置关系、桥梁各主要部位的标高以及总的技术要求等,它是桥梁施工时确定墩台位置及构件安装的依据之一。

从图 7-1-2 可知,该桥有 5 孔,其中四孔是跨度为 32.0 m 的预应力钢筋混凝土梁,梁全长 32.6 m,中间一孔是跨度为 64.0 m 的下承式栓焊钢桁梁,梁全长 65.1 m,中心里程为 DK18+106.42。图中还标出了全桥各主要部位的标高,画出了河床断面,这些都表示出桥梁各部分在竖直方向的位置关系。

图中标高 6.019,是按平均百年一遇的最高水位而定的设计水位。

桥梁中墩、台位置的命名,通常按顺序进行编号,如图 7-1-2 所示的 0 号台、1 号墩等,也有将桥台按其位置命名的,如津台、浦台等,但桥墩位置命名仍按顺序 1、2、3…编号。

由平面图可知,该桥中墩、台的位置及类型。桥台为 T 桥台,桥墩为圆端形。墩台的基础分别采用了明挖扩大基础及沉井基础。

桥位的地质资料是通过地质钻探得到的,所钻地质孔位的多少,需根据设计、施工规范的规定及地质情况而定。在线路中心里程 DK18+77.00(即②号墩位附近)及 DK18+135.00(即③号墩位附近)各钻有一地质孔,并画出了该孔的地质柱状图。通过该地质柱状图可以看出地层的土质变化及每层的深度,同时可以知道该桥墩台基础所处的土层位置。如该桥②号、③号墩的沉井基础将位于圆砾石土壤上。常用的地质图例见表 7-1-1 所示。

表 7-1-1　常用地质图例

序号	名　称	图　例	序号	名　称	图　例
1	黏土	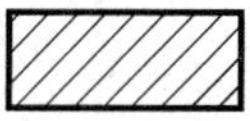	7	卵石	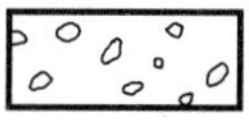
2	砂黏土	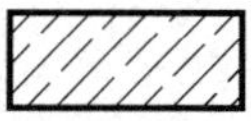	8	块石	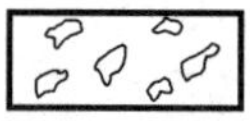
3	黏砂土		9	砂姜	
4	粉、细、中粗砾砂	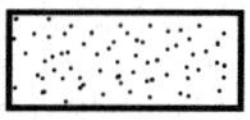	10	石灰岩	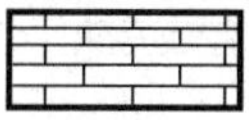
5	圆砾石土壤	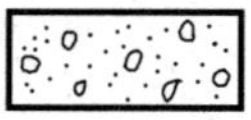	11	泥灰岩	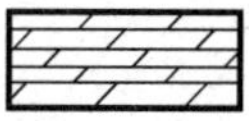
6	角砾土壤	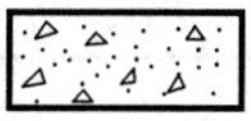	12	花岗岩	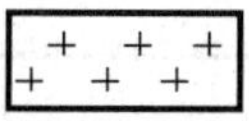

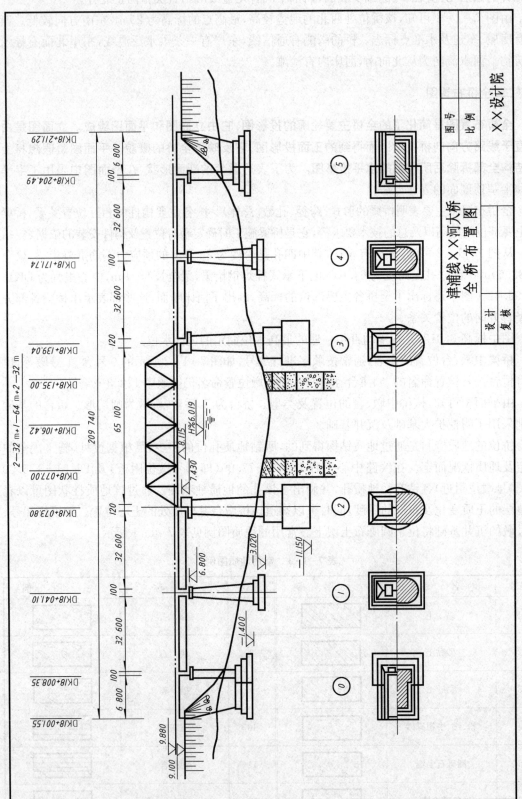

图 7 - 1 - 2 全桥布置图

第二节 桥 墩 图

一、概 述

桥墩是桥的下部结构之一,它起着中间支承作用,上部结构及其所承受的荷载将通过桥墩传递给地基。

根据河道的水文情况及设计要求,桥墩的形状是不一样的,一般以桥墩墩身断面的形状划分桥墩类型,常见的有圆形桥墩,如图7-2-1(a)所示;矩形桥墩,如图7-2-1(b)所示;尖端形桥墩,如图7-2-1(c)所示;圆端形桥墩,如图7-2-1(d)所示等。

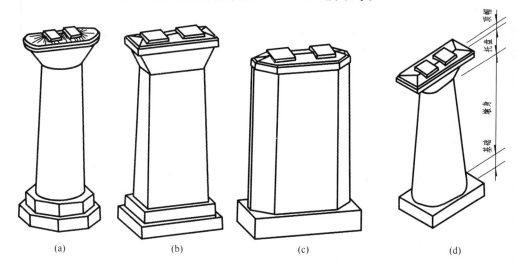

(a)　　　　　　　　(b)　　　　　　　　(c)　　　　　　　　(d)

图7-2-1 桥墩的类型

桥墩由基础、墩身和墩帽组成,如图7-2-1(d)所示。

基础在桥墩的底部,一般埋置在地面以下,其形式根据受力情况及地质情况,可采用明挖扩大基础、沉井基础及桩基础等。

墩身是桥墩的主体,其顶部小,底部大,自上而下形成一定的坡度。

墩帽在桥墩的上部,它是由顶帽和托盘组成。顶帽的顶面为斜面,作为排水用,俗称排水坡。为了安放桥梁支座,其上设有两块支承垫石。

二、桥墩的图示方法和要求

桥墩图主要表达桥墩的总体及其各组成部分的形状、尺寸和用料等。

表达桥墩的图样有桥墩图、墩帽构造详图及墩帽钢筋布置图。

(一)桥 墩 图

图7-2-2是圆端形桥墩图。它是采用正面图、平面图和侧面图来表达的,其中正面图和平面图还采用了半剖面图的表达形式。

1. 正面图

桥墩的正面图是顺线路方向对桥墩进行投影而得到的投影图。正面图的左半部分表示桥墩的外形和尺寸,其中双点画线表示平面与曲面的分界线(在标准图中用粗实线表示这种分界线)。右半部分为剖面图,其剖切位置和投影方向均表示在侧面图中。该剖面图主要是用来表示桥墩各部分所用的材料,不同材料的分界线用虚线表示。

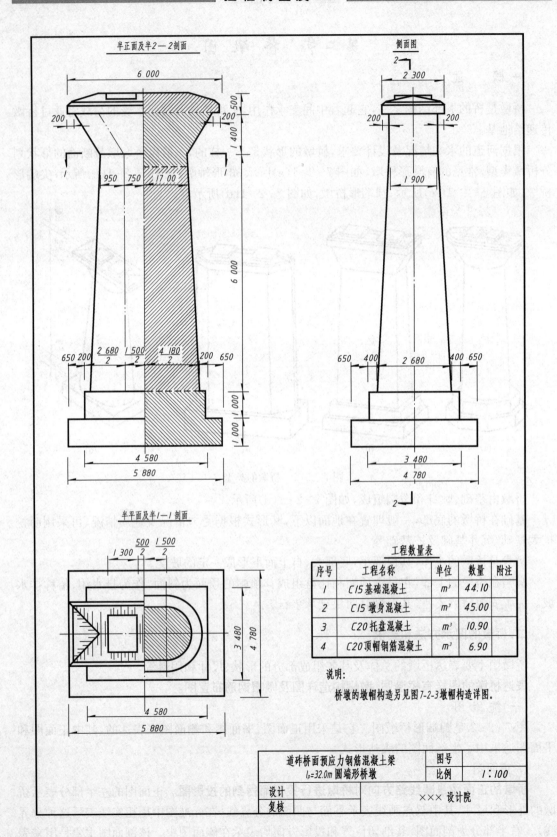

半正面及半2—2剖面

侧面图

工程数量表

序号	工程名称	单位	数量	附注
1	C15基础混凝土	m³	44.10	
2	C15墩身混凝土	m³	45.00	
3	C20托盘混凝土	m³	10.90	
4	C20顶帽钢筋混凝土	m³	6.90	

说明:

　　桥墩的墩帽构造另见图7-2-3墩帽构造详图。

半平面及半1—1剖面

道砟桥面预应力钢筋混凝土梁 l_p=32.0m 圆端形桥墩		图号	
		比例	1:100
设计		××× 设计院	
复核			

图 7-2-2　桥墩图

2. 平面图

平面图采用了半平面图和半剖面的表达方法。其左半部分是外形图,主要表达桥墩的平面形状和尺寸。墩帽部分的排水坡斜面,采用由高向低一长一短的示坡线(细实线)表示。右边为1—1半剖面图,其剖切符号画在正面图中,1—1半剖面主要表达墩身的顶面、底面和基础的平面形状及尺寸。

3. 侧面图

侧面图主要表达桥墩侧面的形状和尺寸。

在桥墩图的附注中指出,墩帽的构造见图7-2-3(墩帽构造详图)。

(二)墩帽构造详图

图7-2-3为墩帽构造详图,由五个投影图组成,即正面图、平面图、侧面图和1—1断面、2—2断面,这些图表达了顶帽和托盘的形状和尺寸。而1—1断面和2—2断面主要表达托盘的顶面和底面的形状及尺寸。

墩帽内应布置钢筋,其布置情况用墩帽钢筋布置图表示。

三、桥墩图的识读

现以图7-2-2和图7-2-3为例,介绍读桥墩图的步骤和注意事项。

1. 读桥墩图的标题栏及附注。从标题栏中了解桥墩的名称、绘图比例等。图7-2-2为预应力钢筋混凝土梁,圆端形桥墩的构造图。其绘图比例为1:100。

2. 桥墩图的表达方法。桥墩图有三个基本投影,其中二个采用了半剖面图。墩帽部分采用了附注方式,说明了墩帽详图所在的图纸号。查图7-2-3墩帽图,可知该墩帽图中除三个基本投影图外,还有两个断面图,其剖切位置及投影方向均可在正面图中找到。

3. 采用形体分析法,将桥墩分解为基础、墩身和墩帽三部分。

(1)基础

由图7-2-2可知基础分两层,底层基础长5880 mm、宽4780 mm、高1000 mm;第二层基础长4580 mm、宽3480 mm、高1000 mm。两层基础在前后、左右方向都是对称放置,如图7-2-4所示。

(2)墩身

由图7-2-2的1—1剖面图可知,墩身顶面和底面的右(左)端都是半圆形。对照桥墩身正面图和侧面图分析,其顶面半圆的半径为950 mm,底面半圆的半径为1340 mm。顶面和表面左右两半圆的距离都是1500 mm,墩身高为6000 mm。

由上述分析可知,墩身是由左、右两端的半圆台和中间的四棱柱组合而成,如图7-2-5所示。

(3)墩帽

由图7-2-3所示墩帽构造详图可知,墩帽分下部的托盘和上部的顶帽两部分。

①托盘。托盘顶面和底面的形状及大小由1—1断面图和2—2断面图确定,它们都是圆端形,两端半圆的半径均为950 mm。所不同的是两端半圆的距离,顶面为3700 mm,底面为1500 mm,由此可知它们的圆心并不在同一条垂直线上。托盘的高度为1400 mm。

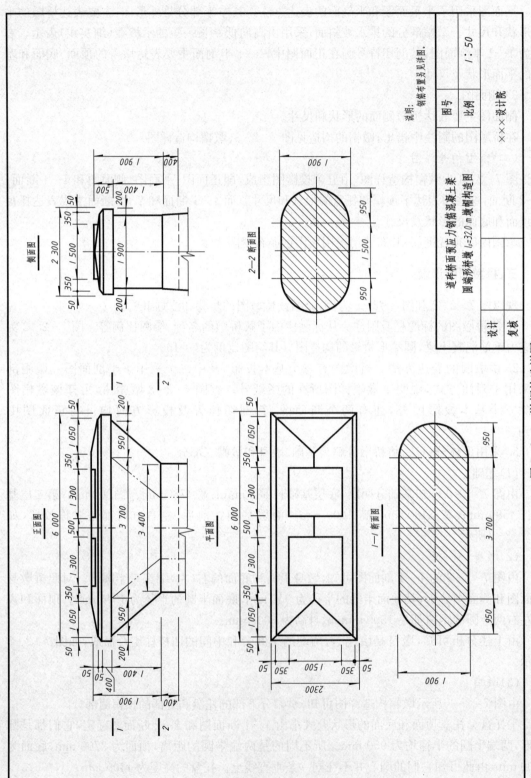

图 7 - 2 - 3 墩帽构造详图

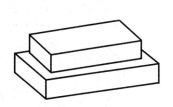

图 7-2-4　基础的形状

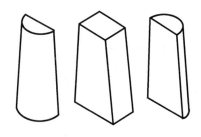

图 7-2-5　墩身的形状

由上述各部分的尺寸,结合投影图分析可知,托盘是由两端为半斜椭圆柱和中间的四棱柱组合而成的,如图 7-2-6 所示。

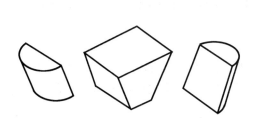

图 7-2-6　墩帽托盘的形状

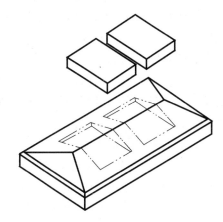

图 7-2-7　墩帽的顶帽形状

②顶帽。顶帽的形状及大小已在图 7-2-3 中清楚地表达出来。顶帽下部分 6000 mm×2300 mm×450 mm 的长方体,在高度中有 50 mm 的抹角,顶部为高 50 mm 向四面倾斜的排水坡。在排水坡顶有两块 1300 mm×1500 mm 的矩形支承垫块,其顶面与排水坡脊平齐,侧面与排水坡斜面相交,其交线分别为侧垂线和侧平线。整个顶帽形状如图 7-2-7 所示。

桥墩各部分的工程数量及材料要求,见图 7-2-2 中所附工程数量表。墩帽的钢筋布置另见墩帽钢筋布置图(附于习题集中)。

综合以上对桥墩各组成部分的分析,可得出如图 7-2-1(d)所示的桥墩形状。

四、桥涵工程图中的习惯画法及尺寸标注特点

(一)桥涵工程图中的习惯画法

1. 在桥涵工程图中,常常由于工程施工需要进行模板的制造、安装和测量工作,将形体的平面与曲面连接处用双点画线(标准图中用粗实线)画出,如图 7-2-2 所示。

2. 为了帮助读图,常常将斜面和圆锥面,用由高到低、一长一短的示坡线表示,以增加直观感,如图 7-2-8 所示。

3. 在桥梁工程图中,对于需要另画详图的部位,一般采用附注说明或详图索引符号表示。

4. 在桥涵工程图中,大体积混凝土断面的材料图例习惯用 45°细实线代替,如图 7-2-2 所示。读者在读图时应注意工程图的特点,以避免与房建图中的砖石材料或机械图中的金属材料相混淆。

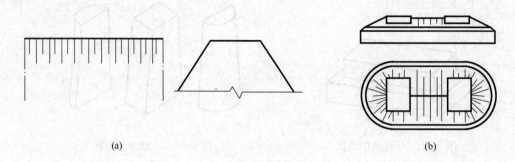

(a)   (b)

图 7-2-8 斜面、锥面的表示方法

（二）桥涵工程图中的尺寸标注特点

在桥涵工程图中的尺寸标注，除了应遵守在组合体尺寸标注中所规定的基本要求外，由于工程的特点，还有一些特殊要求。

1. 重复尺寸

为了施工时看图方便，图中各部分尺寸都希望不通过计算而直接读出，同时也要求在一个投影图上，将物体的尺寸尽量标注齐全，这样就出现了重复尺寸，如图 7-2-2 中桥墩基础的长和宽均标注了两次。

2. 施工测量需要的尺寸

考虑到圬工模板的制造及测量定位放线的需要，对工程的细部尺寸一般都直接注出。如图 7-2-2 中桥墩平面与曲面的分界线尺寸、襟边尺寸（两层基础形成的台阶宽度称襟边尺寸）、桥墩顶帽悬出墩身部分的尺寸等。

3. 特殊要求尺寸

所谓特殊要求尺寸即建筑物与外界联系的尺寸。这类尺寸在铁路建筑中一般要求比较高，常以标高形式出现，如图 7-1-2 全桥布置图中的路肩标高、轨底标高、梁底标高等。标高符号的画法为：等腰直角三角形，细实线绘制，尾部长 10～15 mm，高程数字在中上方或中下方书写。

4. 对称尺寸

在桥涵工程图中，对于对称部分图形往往只画出一半，如图 7-2-2 所示半正面、半平面及半 1—1 剖面等。为了将尺寸全部表达清楚，常用 $\frac{B}{2}$ 的形式注出，如 $\frac{4180}{2}$、$\frac{1500}{2}$ 等，说明其全部尺寸为 4180、1500。

第三节　桥　台　图

一、概　述

桥台是桥两端梁的支承，它除了支承桥跨外，还起到阻挡路基端部的填土压力和桥梁与线路路基的过渡连接作用。桥台的形式很多，一般以台身断面形状命名，常见的有 T 形桥台（图 7-3-1）、U 形桥台[图 7-3-2(a)]和耳墙式桥台[图 7-3-2(b)]等。

虽然桥台有各种不同的形式，但它们都由基础、台身和台顶（包括顶帽、墙身和道砟槽）所组成，如图 7-3-1 所示。

桥台的基础和桥墩基础一样,可采用明挖扩大基础、沉井基础及桩基础等。图7-3-1所示的T形桥台就是采用的明挖扩大基础。该基础共三层,由三块大小不等的T形棱柱体叠加而成。

台身是桥台的中间部分,由前墙、后墙和托盘组成。

台顶在桥台的顶部,由部分后墙、顶帽及道砟槽组成。顶帽在前墙托盘之上,一部分嵌入后墙内,它的上面有支承垫石。台顶的墙身是后墙的延伸部分,墙身的靠梁一端称为胸墙,靠路基一端是台尾。整个桥台最上部为道砟槽。

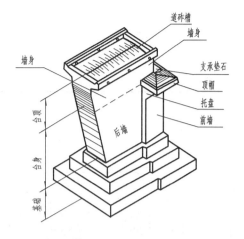

图7-3-1　T形桥台

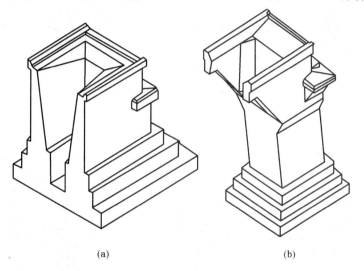

(a)　　　　　　　　　　　(b)

图7-3-2　桥台的类型

二、桥台的图示方法与要求

桥台图一般有桥台总图、台顶构造详图和台顶钢筋布置图。下面以图7-3-3、图7-3-4所示T形桥台为例,介绍桥台图。

(一)桥台总图

桥台总图主要表示桥台的总体形状和尺寸,各组成部分之间的相对位置和尺寸,桥台与路基及两边锥体护坡之间的关系,并说明各组成部分所用的材料等。

图7-3-3所示T形桥台总图,由侧面图、半平面和半基顶剖面、半正面和半背面图所组成。

1. 侧面图

桥台的侧面图是在与线路垂直的方向上对桥台进行投影而得到的投影图。由于它主要表示桥台的侧面形状和尺寸,故一般叫侧面图。该侧面图既反映了桥台的形体特征,又反映了桥台与线路、路基及锥体护坡之间的关系,故将其安排在正面图的位置作为主要投影图。

2. 半平面图和半基顶剖面图

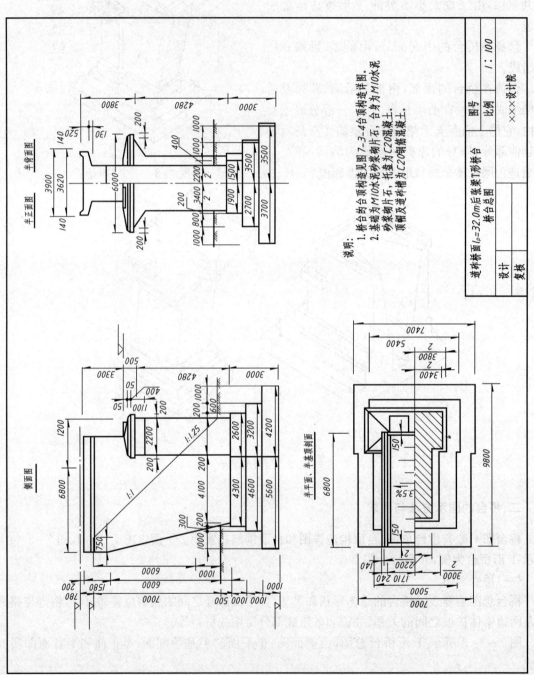

图 7 - 3 - 3　T形桥台总图

　　桥台在宽度方向是以过线路中心的铅垂面为对称的,所以桥台的平面图采用半平面图和半基顶剖面图的表达方法,中间用点画线分开。半平面图主要表达道砟槽和顶帽的平面形状和尺寸。半基顶剖面图是沿基础顶面剖切而得到的水平投影图,它主要表达台身底面和基础的平面形状和尺寸。

　　3.半正面图和半背面图

　　桥台的半正面图和半背面图是以桥台顺线路中心线方向的正面和背面进行投影而得到的组合投影图。两个面的形状不同,但桥台在宽度方向是对称的,所以各画一半,中间以点画线分开。它主要表达桥台的正面和背面的形状和尺寸。

　　(二)台顶构造详图

　　台顶构造详图,简称台顶构造图。它主要表达桥台前墙顶部的顶帽和后墙上部的道砟槽的详细构造和尺寸。图7-3-4所示的台顶构造图,采用了三个基本投影图和两个局部详图,即1—1剖面、半平面和半正面、半2—2剖面及③、④详图。详图索引符号的画法及意义见表7-3-1。

表 7-3-1　详 图 符 号

名称		符　号	说　明
详图的索引标志	详图索引符号	5 ─ 详图的编号 ─ 详图在本张图纸上　4 1 详图的编号 详图所在的图纸编号　J103 3 2 标准图册编号 标准详图编号 详图所在图纸编号	细实线单圆圈,直径10 mm
	局部剖面详图的索引符号	5 ─ 表示从下向上(或从前向后)投影 表示从上向下(或从后向前)投影　4 1 表示从左向右投影　J103 3 2	细实线单圆圈,直径10 mm
详图的标志		5 详图编号 被索引的图样在本张图纸上	粗实线单圆圈,直径14 mm
		5 1 详图编号 被索引的图纸编号	

　　1.1—1剖面图

　　1—1剖面图主要表示道砟槽的形状、构造及泄水管的位置等,此外还表示了台顶部分的材料要求及道砟槽内混凝土垫层。

　　2.半正面和半2—2剖面图

　　半正面图主要表示顶帽、台顶及道砟槽的正面形状,半2—2剖面图主要表示道砟槽内的

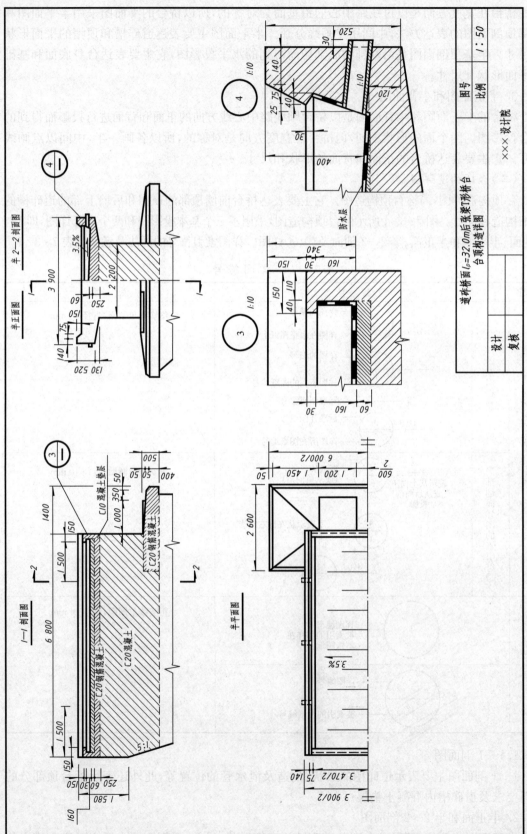

图 7 - 3 - 4　T 形桥台台顶构造图

构造和形状。

3. 平面图

台顶的平面图考虑到桥台的前后对称,采用简化画法,即只画出平面投影的一半,中间用点画线并画上对称符号。它主要表示道砟槽的平面形状和尺寸、槽底的横向坡度及顶帽支承垫石的位置和尺寸。

4. 详图

③号详图主要表示道砟槽端横墙的详细形状和尺寸。④号详图主要表示道砟槽外挡砟墙的详细形状和尺寸以及泄水管的设置要求。

三、桥台图的识读

识读桥台图,应同时研究桥台总图和台顶构造图,从中了解桥台的详细形状、尺寸和所使用的材料等。若要进一步知道桥台的结构要求,尚需阅读桥台台顶钢筋布置图等。

下面以图7-3-3和图7-3-4为例,介绍桥台图的阅读方法和步骤。

1. 看标题栏和附注说明,从中了解工程的性质、桥台的类型及绘图比例等。如图7-3-3所示,该桥台为道砟桥面跨度为32.0 m的后张梁T形桥台。

2. 分析桥台总图的表达方法。该桥台总图采用了侧面图、半平面图和半基顶剖面图、半正面图和半背面图。并从"说明"中看到该桥台的台顶部分另有详图。

3. 分析桥台各组成部分的形状

识读桥台的基本方法是形体分析法,即对桥台的各组成部分进行分析,读出它们的形状和大小。

(1)基础

从桥台的侧面图和半基顶剖面图看出,桥台基础呈T形棱柱状,共分三层,每层高均为1000 mm,宽度和长度见图7-3-5(a)所示。

(2)台身

台身在桥台中部,由前墙、托盘和后墙三部分组成。由侧面图并结合半平面、半基顶剖面图得知,前墙为2200×3400×4280 mm的长方体。前墙的上端为托盘,呈梯形柱体,高度为1100 mm,宽度分别为3400、5600 mm,长度为2200 mm。从侧面图可知后墙部分为梯形柱体,左边是倾斜面,梯形下底长为4300 mm,上底长为5156 mm,高为4280 mm,如图7-3-5(b)所示。

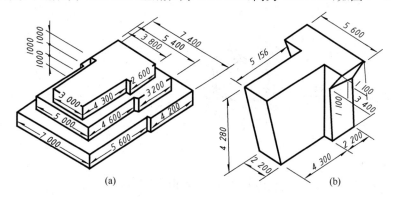

图7-3-5　桥台基础和台身的形状

(3)台顶

台顶由三部分组成,即顶帽、墙身和道砟槽。

①顶帽。顶帽在托盘上面,如图7-3-4中的1—1剖面图和半平面图,十分清楚地显示了顶帽的形状和尺寸。顶帽高500 mm,长6000 mm,宽度为2200+200+200=2600 mm。顶帽表面做有排水坡、抹角和支承垫石等,如图7-3-6(a)所示。

②墙身。墙身是后墙的延伸部分。其形状在图7-3-4中的1—1剖面图中反映的较清楚,它是一个棱柱体,后面有一斜面与后墙斜表面相接,前下角有一切口与顶帽相接,如图7-3-6(b)所示。

③道砟槽。桥台道砟槽部分的结构形状比较复杂。

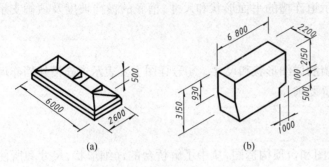

(a)　　　　(b)

图7-3-6　桥台顶帽及墙身的形状

由图7-3-4中的半2—2剖面图、1—1剖面图和半平面图可知,顺台身方向两侧的最高部分为道砟槽的挡砟墙,在挡砟墙的下部设有排水管,排水管距两端各为1500 mm,中间排水管按等距离布置。槽底厚250 mm,槽底上面有脊高60 mm向两侧倾斜(坡度为3.5%)的混凝土垫层,以利排水。挡砟墙内侧表面的防水层及排水管的做法,如④号详图所示。

从③号详图看到胸墙顶部是一个水平面,它与挡砟墙上部内侧斜面形成开口槽,即盖板槽。该槽为安放与梁连接处的盖板,并起挡砟作用。道砟槽的形状见图7-3-7所示。

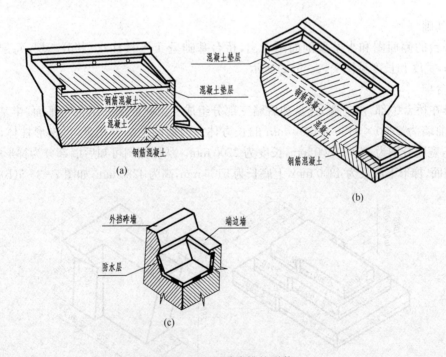

图7-3-7　道砟槽的形状

将桥台各部分的结构形状了解清楚后,总结、归纳形成整体概念,这样对整个桥台的结构形状就有了一定的了解。

桥台各部分的材料,可以从图7-3-3和图7-3-4中得知。

四、桥台图的画法

画桥台图首先要分析桥台的形体特征,确定画图的基准。

如图 7-3-3 所示的 T 形桥台,控制其长度和位置的是桥台的胸墙和台尾的里程,因此,画侧面图时,应以胸墙为主要基准,台尾为辅助基准。宽度方向以桥台的对称面为基准。至于高度方向,则以基底的标高为起点控制高度。

确定了长、宽、高三个方向的基准之后,应按图 7-3-3 所选用的投影图和比例进行图面布置。布图时,各图之间应留有一定的间隔,以便标注尺寸。图纸右下角还应留出画标题栏和书写附注的位置。

现以图 7-3-3 所示 T 形桥台为例,说明画桥台图的步骤。

(1)画桥台投影图,如图 7-3-8 所示。

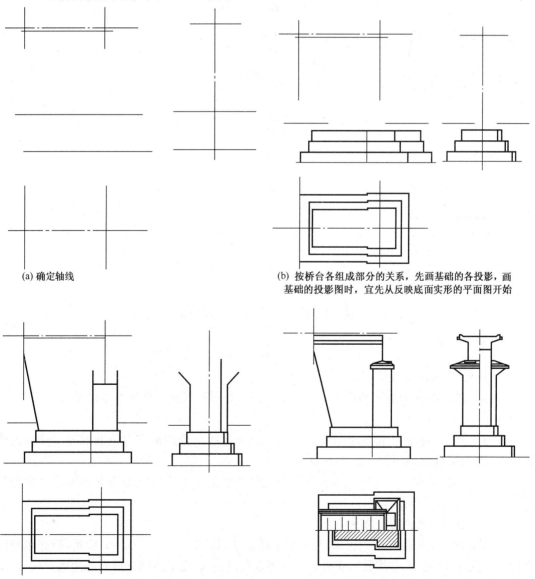

(a) 确定轴线

(b) 按桥台各组成部分的关系，先画基础的各投影，画基础的投影图时，宜先从反映底面实形的平面图开始

(c) 画台身的各投影。注意桥台正、背两面的投影关系

(d)画台顶。台顶细部尺寸可参阅图7-3-4台顶构造图

图 7-3-8　桥台图的画法

（2）桥台必须设置锥体护坡，以保证桥台的稳定性，如图7-3-9所示。在桥台的侧面图上应画出锥体护坡与桥台侧面的交线及其与路堤的关系。在其他投影图上则可省略。

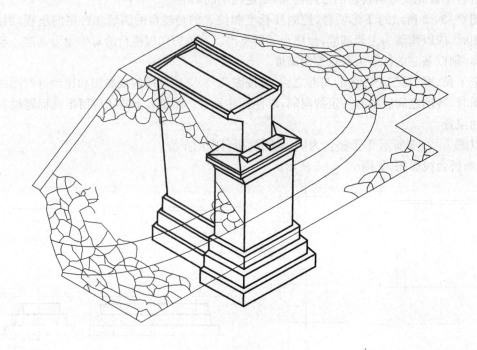

图7-3-9　桥台的锥体护坡

锥体护坡与桥台侧面交线的做法，可按图7-3-3中侧面图所给的尺寸关系进行。

（3）检查底图。桥台的组成、构造及其表达方法都较复杂，因此，检查、复核工作十分重要。底图检查后，即可画出尺寸线。

（4）加深图线，标注尺寸，书写附注，填写标题栏，如图7-3-3所示。

第四节　桥跨结构图

一、概　述

（一）钢筋混凝土主梁横断面形式的划分

1. 主梁的横断面为矩形的钢筋混凝土梁或预应力钢筋混凝土梁称为板式梁，如图7-4-1（a）所示。

2. 在主梁的横断面内形成明显肋形结构的钢筋混凝土梁或预应力钢筋混凝土梁称为肋式梁，又称为T形梁，如图7-4-1（b）所示。

3. 主梁的横断面呈一个或几个封闭箱形的钢筋混凝土梁或预应力钢筋混凝土梁称为箱形梁，如图7-4-1（c）所示。

（二）钢筋混凝土梁的其他构造

1. 道砟槽。道砟槽在梁的顶部，外侧设有挡砟墙，如图7-4-1（a）、（b）所示，挡砟墙与道砟槽板组成道砟槽。在每片梁的靠桥中线一侧设有内边墙，在梁的两端设有端边墙。

2. 横隔板。在T形梁的中部、端部和腹板变截（断）面处设有横隔板，如图7-4-1（b）所示。

　　3. 排水及防水。为了保证良好的线路质量,避免梁内钢筋锈蚀,在道砟槽板顶面做有横向排水坡,雨水经泄水管排出。在道砟槽板顶面还铺设有防水层。泄水管及防水层的构造,如图 7 - 4 - 2(a)、(b)所示。

　　4. 人行道、盖板。为了养护工作的需要,在梁体外侧挡砟墙内预埋的 U 形螺栓上,安装角钢支架,再铺设人行道板。

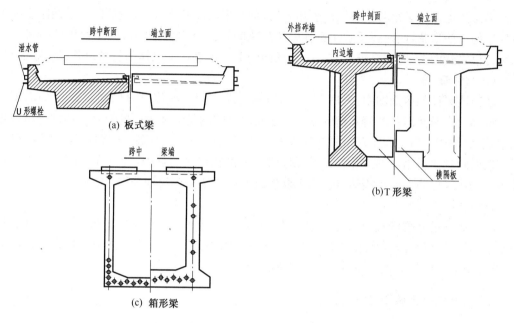

图 7 - 4 - 1　钢筋混凝土梁的形式

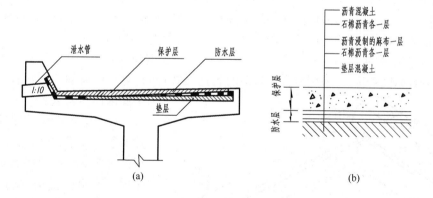

图 7 - 4 - 2　泄水管及防水层的构造示意图

　　为了防止掉砟及雨水流到梁的侧面或墩台顶帽上,在桥孔的两片梁之间铺设有纵向钢筋混凝土盖板。在两桥孔的梁与梁之间(或梁与桥台之间)的接缝处,应铺设横向铁盖板。

二、钢筋混凝土梁的图示方法与要求

　　现以图 7 - 4 - 3(见书末插页)所示跨度为 6 m 的道砟桥面钢筋混凝土梁为例,分析其图示方法与要求。

(一)正面图

　　从反映钢筋混凝土梁的整体特征和工作位置来分析,以其长度方向作为正面投影比较合适。

　　由于梁在长度方向是左右对称的,因此,在正面投影图上采用了半正面图和半 2—2 剖面图的组合投影图。半正面图是由梁体的外侧向桥跨投影而得,而半 2—2 剖面图,实际上是由梁体内侧向桥跨投影而得。它们分别反映了梁体的外侧、内侧及道砟槽的正面投影形状。

(二) 平 面 图

　　平面图也采用了组合投影图的表达方法,即半平面图和半 3—3 剖面图。平面图主要表达道砟槽的平面形状,同时还反映了桥孔中两片梁间纵向铺设的钢筋混凝土盖板的位置。由于该梁为板式断面,无肋或横隔板,在 3—3 剖面图上只是表达了梁体的材料及其纵向断面尺寸。

(三) 侧 面 图

　　在表达梁体的侧面图中,采用 1—1 剖面图和端立面图的组合投影图。1—1 剖面图反映的是该梁的横断面形状及道砟槽的形状。端立面反映的是梁体侧面的形状。在这一组合投影图中,于梁的道砟槽上方用双点画线假想地表示了道砟、枕木及钢轨垫板的位置,从而形象地反映出由两片梁所组成的一孔桥跨的工作状况。钢轨垫板的顶面,即是在正面图上用双点画线画出的轨底标高。这种表达方法在钢筋混凝土梁图中被广泛地采用。

(四) 详 图

　　由于该梁道砟槽的端边墙、内边墙和外边墙构造比较复杂,在 1∶20 的概图中不能表达清楚它们的形状和尺寸,故在正面图和侧面图的 1—1 剖面图上,分别用索引符号指出该部分另有详图(即大样图),且该详图就画在本张图纸内,即①、②、③详图。

三、钢筋混凝土梁图的识读

　　现以图 7-4-3(见书末插页)为例,介绍识读钢筋混凝土梁图的方法和步骤。

　　(1)首先从标题栏中了解图样的名称和该工程的性质,再阅读附注说明。图 7-4-3 中标题栏的内容告诉我们,该图为跨度 6 m 的道砟桥面钢筋混凝土梁。在附注说明中,指出桥面的防水层及泄水管、U 形螺栓等另有详图,并对工程数量表作了补充说明。

　　(2)了解该图中所采用的表达方法。图 7-4-3 所示钢筋混凝土梁在投影表达方法上,充分地利用了对称性的特点,采用组合投影图的表达方式,同时对一些局部的形状和尺寸,采用了局部详图表示之。

　　(3)综合了解、掌握梁体的整体概貌。如梁的全长为 6500 mm,梁高为 700 mm,该梁为板式结构,主梁上有道砟槽板、外挡砟墙、内边墙及端边墙等。

　　(4)分析详图,认清道砟槽各边墙顶面的高度和结合处的构造。由于该梁为板式梁,下部主梁断面为梯形,极易读懂,无需多述。上部道砟槽虽与台顶道砟槽有些类似,但由于端边墙和内边墙的顶面高度、宽度不同,致使其结合处的构造较为复杂。由 2—2 剖面图和

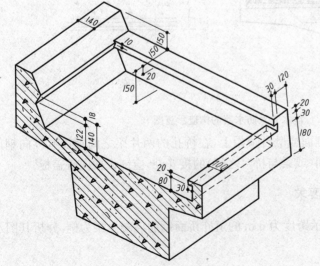

图 7-4-4　梁端轴测图

详图①、详图②可知,端边墙的厚度为120,顶面宽度为150,内边墙的厚度为70,顶面宽度为100;端边墙顶面比内边墙顶面高50,而外边墙(挡砟墙)顶面比端边墙顶面高150,其形状及尺寸关系如图7-4-4所示。

(5)阅读图样中的工程数量表时,要注意表中所指的一孔梁为两片梁所组成。该表不但表明了梁体各部分的用料及工程数量,同时还是工程施工备料和为施工进度的安排提供依据。

四、钢筋布置图的识读

现以图7-4-5(见书末插页)为例,介绍识读钢筋布置图的方法和步骤。

(1)先读标题栏和附注。从标题栏中可知,该梁为6 m跨度的道砟桥面钢筋混凝土梁。附注说明中还对钢筋布置作了补充说明,提醒我们在阅读钢筋布置图和进行施工时,应给予充分注意。

(2)阅读钢筋表,目的是了解该梁所布置的钢筋类型、形状、直径、根数等。该梁虽然未画出钢筋成型图,但由于在钢筋表中所画示意图很详细,实际上已经起到了钢筋成型图的作用。该梁体内布置有21种类型的钢筋(其中主筋7种)。

(3)根据图名,了解钢筋布置图中采用了哪些图,以及这些图之间的关系。如该梁采用了一个梁梗中心剖面图和1—1、2—2、3—3、4—4剖面图,它们各代表不同部位的钢筋布置情况。

在了解表达方法的过程中,应同时弄清楚该梁的形状和尺寸,这是阅读和分析配筋图的基本要求。

(4)分析钢筋布置图时,一般以正面图为主,再结合其他剖面图,一部分一部分地进行识读。

该梁的正面图即梁梗中心剖面图,由于在长度方向是左右对称的,所以采用了对称画法。从梁梗中心剖面图中可以看出,该梁底部的七种受力钢筋(N1~N7)是分两层布置的。由于受力的需要,两层受力钢筋中,N1~N6分六批向上弯起,而N7为直筋。受力钢筋的排列及其编号,在1—1剖面和2—2剖面图中表达十分清楚。钢筋的弯起形状、尺寸在钢筋表的示意图中已经表示,由于N4、N5钢筋弯起后的弯钩属于非标准弯钩,故单独画出了它们的详图。在主梁部分除受力筋外,上部还有架立筋N34。正面图上所表达的箍筋N21,在距梁端100 mm,距跨中150 mm的范围内,按300 mm等距分布,共计11组,(梁全长内为22组)。箍筋可做成开口式或闭口式。从钢筋表的示意图中可知,N21是开口式,如图7-4-6所示。

3—3剖面及4—4剖面主要是表达道砟槽的挡砟墙及其悬臂部分的钢筋布置,这部分的钢筋比较多,且形状也较复杂,在阅读时应注意各剖面的剖切位置,将各剖面图有机地联系起来分析。例如N18、N19钢筋为道砟槽板部分的钢筋,由3—3剖面看到,N19位于槽板的下部,但从4—4剖面又反映出N19在槽板的顶部,结合1—1剖面及钢筋表中的示意图,可知这是由于N19的弯起形状变化所致。

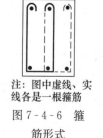

注:图中虚线、实线各是一根箍筋

图7-4-6 箍筋形式

道砟槽内边墙部分的钢筋布置,从说明的第2条可知:道砟槽板底钢筋N51的间距与N50的间距相同;特设钢筋N30的间距与N29的间距相同。因此,只要我们掌握了N29、N50钢筋的布置规律,就可以知道N51在跨中段及N30在梁两端的布置情况。其数量分别与N50、N29相同,形状可以在钢筋表中得知。其他钢筋布置情况,读者可以自行分析。

掌握各部分钢筋的布置和形状是很重要的,但在读图时,计算或校核其钢筋的数量也是读图的一个重要内容。在计算钢筋数量时，要充分注意在表达方法上和构件形状上的特点。如图 7‑4‑5 所示钢筋混凝土梁的配筋图，由于梁在纵向左右对称，故在梁梗中心剖面图、3—3 剖面图和 4—4 剖面图中，都采用了对称画法。这样，在计算钢筋数量时，对于某些类型的钢筋就应乘以 2。如 N18，若按 3—3（或 4—4）剖面图计算为 14 根，但考虑到该剖面图只画出了梁长的一半，故 N18 钢筋按一片梁计算，应为 14×2＝28 根。某些部位的一些特殊构造，在计算钢筋时也应引起注意，如在梁的挡砟墙及内边墙上分别设置有 10 mm 的断缝，因此，在设置 N54、N16 钢筋时，在此断开，于是 N54 的数量应为 4×2＝8 根，N16 的数量为 1×2＝2 根。

最后综合以上分析结果，把钢筋表中的各类钢筋归入到构件的各部位，使之成为一个完整的、正确的钢筋骨架。

第八章

铁路涵洞工程图

第一节 概 述

涵洞是埋在路堤下面,用来泄水或作为交通用的建筑。如图8-1-1所示。本章介绍的涵洞工程图包括中心纵剖面图、半平面及半基顶剖面图、出口正面图、剖面图、拱圈图。本章重点讲授涵洞工程图的图示方法和特点,并介绍识读涵洞工程图的方法和步骤。

图8-1-1 涵洞

涵洞的类型是按涵洞洞身的断面形状来分的,常用的涵洞有拱涵如图8-1-2(a)所示、圆涵如图8-1-2(b)所示和盖板箱涵如图8-1-2(c)所示。

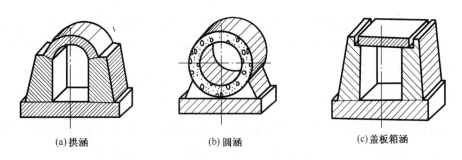

(a)拱涵　　　　　　　(b)圆涵　　　　　　　(c)盖板箱涵

图8-1-2 涵洞的类型

拱涵是常见的一种涵洞,它主要由洞身、洞口两部分组成,如图8-1-3所示。

一、洞 身

涵洞的洞身由若干管节组成。在入口处的第一管节为提高管节(也有不设提高管节的),它由基础、边墙、拱圈和端墙组成。中间为普通管节,因提高管节与普通管节的高度不同,因此

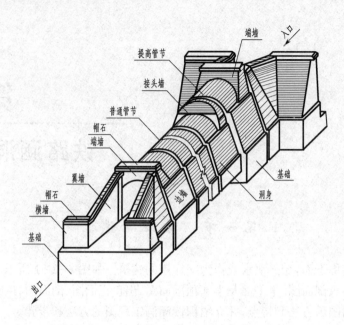

图 8 - 1 - 3　拱涵轴测图

与提高管节相邻的普通管节上设有接头墙。各管节彼此之间用沉降缝断开。

二、出口和入口

涵洞的出口和入口其形状是相似的,都是由基础、横墙、翼墙和帽石组成,只是各部分的尺寸不同。

三、附属工程

在洞门外要进行沟床铺砌,在横墙前要设置锥体护坡,在图 8 - 1 - 3 中均未画出。

第二节　涵洞的图示方法与要求

涵洞一般用总图来表达,需要时可单独画出涵洞某一部分的构造详图。图 8 - 2 - 1(见书末插页)为石及混凝土拱形涵洞图,它一般由中心纵剖面图、半平面和半基顶剖面图、出入口正面图及剖面图等组成。

一、中心纵剖面图

中心纵剖面图是沿涵洞中心线剖切后画出的全剖面图。该图表达了涵洞的总节数、每节的长度、总长度、沉降缝的宽度、翼墙的长度和各部分基础的厚度(深度)、净孔高度、拱圈厚度以及覆盖层厚度等。若涵洞较长,中间管节结构相同时,可以采用折断画法。

二、半平面及半基顶剖面图

半平面图主要表示各管节的宽度、出入口的形状和尺寸、帽石的位置、端墙与拱圈上表面的交线等。半基顶剖面图是通过边墙底面剖切后所画的水平投影,主要表示边墙、翼墙底面的形状和尺寸,基础的平面形状和尺寸等。

三、出、入口正面图

出、入口的正面图就是涵洞的右侧和左侧立面图。为了看图方便,将入口正面图绘制在中心纵剖面图的入口一侧,出口正面图绘制在中心纵剖面图的出口一侧。它们表示了出入口的正面形状和尺寸,以及锥体护坡和路基边坡的片石铺砌高度等。

四、剖　面　图

涵洞的翼墙和管节的横断面形状及其有关尺寸,在上述三个投影图中都未能反映出来,因此,必须在涵洞的适当位置进行横向剖切,作出其剖面图。由于涵洞前后对称,所以各剖面图以中心线为界只画出一半,也可以把形状接近的剖面结合在一起画出,如图8-2-1的2—2剖面图和3—3剖面图。

五、拱　圈　图

它表示了拱圈的形状和尺寸。

第三节　涵洞工程图的识读

现以图8-2-1为例,介绍识读的方法和步骤。

1. 首先阅读标题栏和说明,从中得知涵洞的类型、孔径、孔数、有否提高管节、基础的形式、比例、材料等。

2. 了解该涵洞图所采用的投影图及其相互关系。

3. 按照涵洞的各组成部分,分别看懂它们的结构形状和尺寸。

一、洞　　身

洞身可分为普通管节和提高管节两部分,与提高管节相邻的普通管节设有接头墙。

(一)普通管节

由中心纵剖面图、半平面和半基顶剖面图和3—3剖面图可知,普通管节每节长3000 mm,两节之间设沉降缝为30 mm,缝外铺设防水层。该涵洞为整体式基础,每节基础为3000 mm×4400 mm×1200 mm的长方体,涵洞净孔高为1850+800=2650 mm。由3—3剖面图可知,涵洞的边墙为一五棱柱体,结合拱圈即可知道其尺寸大小。综上所述即可想象出普通管节的结构形状和尺寸,如图8-3-1(a)所示。

在涵洞入口处第二节管节的拱顶上是一圆柱体的接头墙,它与提高管节的拱顶平齐,其右端做成斜面,形成一椭圆曲线,如半平面图所示,整个接头墙的形状如图8-3-1(b)所示。

(二)提高管节

提高管节应结合2—2剖面图进行识读。提高管节的基础、边墙和普通管节相似,但尺寸略大。拱圈也与普通管节相同。提高管节的净孔高为2750+800=3550 mm。端墙的三面都做成斜面,右侧与提高管节拱圈相交,截交线为一椭圆曲线。端墙的尺寸可由图得知,端墙顶部设有450 mm×2900 mm×200 mm的长方形帽石,它的三面都有50 mm的抹角,后面与端墙形成台阶状。综上所述,整个提高管节的结构形状如图8-3-1(c)所示。

出口处的第一节也设有端墙,其形状与提高管节的端墙相似,仅其高度不同而已。

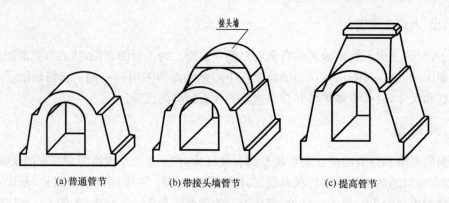

(a)普通管节　　　　(b)带接头墙管节　　　　(c)提高管节

图 8-3-1　拱涵管节的形状

二、出 入 口

(一)入　　口

入口应结合入口正面图 8-2-1 及 1—1 剖面图进行分析。

入口的基础是 T 形柱体,左端呈两级台阶形。翼墙呈"八"字式,顶部倾斜,但在靠近洞口的一侧有一段长 400 mm,顶面水平,且与涵洞轴线平行。横墙与翼墙相连,墙身垂直于涵洞轴线。翼墙和横墙顶部都设有帽石,帽石内侧有抹角。

出入口部分的尺寸可由图 8-2-1 中得知。

必须注意的是:翼墙和横墙的外侧表面由两个梯形平面和一个三角形平面组成。对照 1—1 剖面图可知,翼墙外侧的梯形平面为一侧垂面,三角形平面则是一般位置平面。对照中心纵剖面图可知,横墙外侧的梯形平面为一正垂面。

(二)出　　口

出口的构造与入口相似,读者可结合其正面图和 4—4 剖面图自行分析。

综上所述,即可想象出图 8-1-3 所示的整个出入口的结构形状。

三、锥体护坡和沟床铺砌

从中心纵剖面图、入口正面图和出口正面图中,可以看到涵洞的锥体护坡和沟床铺砌的构造。锥体护坡在顺路基边坡方向的坡度为 1:1.5,顺横墙方向的坡度为 1:1。出入口的锥顶高度不同。沟床铺砌由出入口起延伸到锥体护坡之外,其端部砌筑垂裙,具体尺寸另有详图表示,本书不再说明。

通过以上分析,可以将涵洞各部分的构造、形状综合起来,即可想象出整个涵洞的形状和尺寸。至于各部分的材料,可由图中的附注说明得知。

第九章
铁路隧道工程图

　　本章介绍的隧道工程图一般包括平面图、纵剖面图、横断面图（表示衬砌横面形状）、隧道洞门图及避车洞图等。

　　本章通过对隧道洞门图的表达方法和其识读步骤的讲解，使读者了解隧道的衬砌横断面图和避车洞图，并掌握其识读方法。

第一节　概　　述

　　当在山岭地区修建铁路（公路）时，为了减少土石方工程，保证车辆的平稳行驶和缩短里程，可考虑修筑隧道。

　　隧道主要由洞门和洞身（衬砌）组成，此外还有避车洞、防水、排水及通风设备等。

　　洞门位于隧道洞身的两端，是隧道的外露部分。隧道洞门的形式有端墙式、柱式和翼墙式，如图9-1-1所示。

图 9-1-1　隧道洞门的形式

　　翼墙式隧道洞门，主要由端墙和翼墙组成。端墙用来保证仰坡稳定，并使仰坡上的雨水和落石不致掉到线路上。它以10：1的坡度向洞身方向倾斜。在端墙顶的后面，有端墙顶水沟，其两端有挡水短墙。在端墙上设有顶帽，在靠近洞身处有洞口衬砌，包括拱圈和边墙。在翼墙上设有排除墙后地下水的泄水孔，墙顶有排水沟。

　　洞门处的排水系统构造比较复杂。隧道内的地下水通过排水沟流入路堑侧沟内；洞顶地表水则通过端墙顶水沟、翼墙排水沟流入路堑侧沟。

第二节　隧道洞门的图示方法与要求

　　隧道洞门各部分的结构形状和大小，是通过隧道洞门图来表达的，图9-2-1（见书末插页）为翼墙式隧道洞门图。

一、正 面 图

正面图是顺线路方向对着隧道门进行投影而得到的投影图。它表示洞门衬砌的形状和主要尺寸,端墙的高度和长度,端墙与衬砌的相互位置,以及端墙顶水沟的坡度,翼墙的倾斜度,翼墙顶排水沟与端墙顶水沟的连接情况,洞内排水沟的位置及形状等。端墙上边用虚线表示的是端墙顶水沟和两端的短墙。

二、平 面 图

平面图主要表示洞门处排水系统的情况,排水系统的详细情况另有详图表示。

三、1—1 剖面图

1—1 剖面图是沿隧道中心线剖切而得,它表示了端墙的厚度(800)和倾斜度(10:1),端墙顶水沟的断面形状和尺寸,翼墙顶排水沟仰坡的坡度(1:0.75),轨顶标高和拱顶的厚度等。

四、2—2 断面和 3—3 断面

这两个断面图是用来表示翼墙的厚度,翼墙顶排水沟的断面形状和尺寸,翼墙的倾斜度,翼墙的基础以及底部水沟的形状和尺寸等。

第三节 隧道洞门图的识读

现以图 9 - 2 - 1(见书末插页)为例,介绍隧道洞门图的识读方法和步骤。

一、首先了解标题栏和附注说明的内容

从标题栏中可以了解到,该隧道洞门为单线非电气化铁路翼墙式隧道洞门。在附注说明中,对该隧道洞门的各部分提出了材料要求和施工注意事项。

二、了解该隧道洞门所采用的表达方法

图 9 - 2 - 1 共采用了两个基本投影图(正面图和平面图)、一个剖面图(1—1 剖面)和两个断面图(2—2 断面和 3—3 断面)。

三、按洞门的各组成部分,分别读出它们的形状和尺寸

(一)端 墙

从图 9 - 2 - 1 的正面图和 1—1 剖面图可知,洞门端墙是一堵靠山倾斜的墙,其坡度为 10:1。端墙长度为 10260 mm,墙厚在 1—1 剖面图中示出,其水平方向为 800 mm。墙顶上设有顶帽,顶帽上部除后边外,其余三边均做成高 100 mm 的抹角。

端墙顶的背后有水沟,由正面图中的虚线可知,水沟是从洞顶向两旁倾斜的,坡度为 5%,沟的深度为 400 mm。结合正面图可知,端墙顶水沟的两端有厚为 300 mm、高为 2000 mm 的短墙,用来挡水,其形状如 1—1 剖面图中的虚线所示。沟中的水通过埋设在墙体内的水管,流到端墙外墙面上的凹槽里,然后流入翼墙顶部的排水沟内。

由于端墙顶水沟靠山坡一侧的沟岸是向两边倾斜的正垂面(梯形),所以它与洞顶仰坡相交产生两条一般位置的直线,在平面图中,洞顶仰坡的坡脚线即是其投影。水沟的沟岸和沟底

均向洞顶两边仰斜,其坡脊为正垂线,水平投影与隧道中心线重合。水沟靠山坡一侧的沟壁是铅垂的,靠洞口一侧的沟壁是倾斜的,但此沟壁不能作成平面,如果它是一个倾斜平面,则必与向两边倾斜的沟底交出两条一般位置直线(其水平投影向山坡一侧倾斜),致使墙顶水沟的沟底随着水沟的不断加深而变窄,为了保持沟底宽度(600 mm)不变,工程上常将此沟壁做成扭曲面,即此面的上下边为两条异面线(均为正平线),沟壁的坡度随沟底的不断加深而逐渐变陡,如图9-3-1所示。

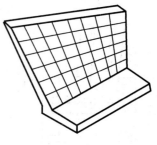

图9-3-1　水沟立体图

（二）翼　　墙

由正面图可知端墙两边各有一堵翼墙,它们分别向路堑两边的山坡倾斜,坡度为10∶1。结合1—1剖面图可知,翼墙的形状大体上是一个三棱柱。从2—2断面图中可以了解到翼墙的厚度、基础的厚度和高度,以及墙顶排水沟的断面形状和尺寸。从3—3断面图中可以看出,此处的基础厚度有所改变,墙脚处有一个宽400 mm深300 mm的水沟。在1—1剖面图上,还表示出翼墙面的中下部有一个100 mm×150 mm的泄水孔,用来排出翼墙背面的积水。

（三）侧　　沟

从洞门图中只能知道排水系统的大概情况,其详细形状和尺寸、连接情况等,由图中的附注说明可知,需另见图9-3-2和图9-3-3。

图9-3-2是隧道内外侧沟的连接图,图9-3-3是隧道洞门外侧沟的剖面图和断面图。

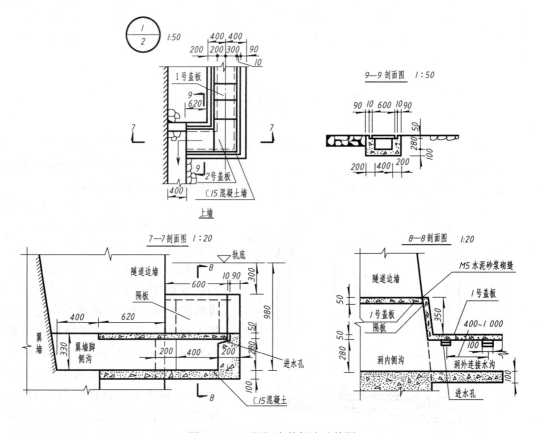

图9-3-2　洞门内外侧沟连接图

图9-3-2中详图 $\frac{1}{2}$,是根据图9-2-1平面图上索引部位绘制的1号详图,该详图虽然

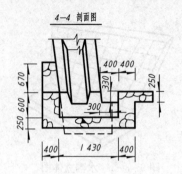

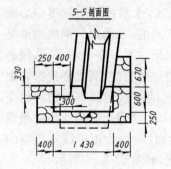

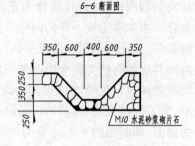

图 9-3-3　洞门外侧沟图

采用了较大的比例(1∶50),但由于某些细部的形状、尺寸和连接关系仍未表达清楚,故又在1号详图上作出7—7、9—9剖面图,并用更大的比例(1∶20)画出。

从图 9-3-2 ½ ,详图可知,洞内侧沟的水是经过两次直角转弯才流入翼墙墙脚处的排水沟的。从 7—7、8—8 剖面图可知,洞内、外侧沟的底面是平的,但洞内侧沟边墙较高,洞外侧沟边墙较低。边墙高度在 7—7 剖面图中示出。内外侧沟顶上均有盖板覆盖。在洞口处边墙高度变化的地方,为了防止道砟掉入沟内,用隔板封住,这在 8—8 剖面图中表示得最为清楚。在洞外侧沟的边墙上开有进水孔,进水孔的间距为 400～1000 mm。9—9 剖面图表明了洞外水沟横断面的形状和尺寸。

图 9-3-3 中各图的剖切位置,在图 9-2-1 平面图中已示出。4—4 和 5—5 剖面图分别表明左、右翼墙端部水沟的连接情况。从图 9-2-1 的平面图和这两个剖面图可知,翼墙顶排水沟排下的水和翼墙脚处侧沟的水,先流入汇水坑,然后再从路堑侧沟排走。6—6 断面图表明了路堑侧沟的断面形状。

第四节　衬砌断面图

隧道的洞身有不同的形式和尺寸,主要用横断面图来表示,称为隧道衬砌断面图。图 9-4-1 为直边墙的隧道衬砌图,底部左侧有排水沟,右侧为电缆沟。

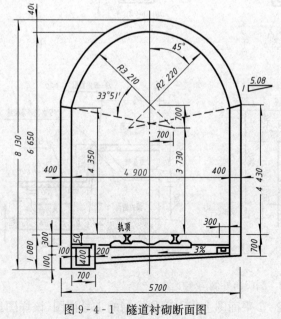

图 9-4-1　隧道衬砌断面图

由图 9-4-1 可知,两侧边墙基本上是长方形,墙厚均为 400 mm,左边墙高为 1 080+4 350＝5 430 mm,右边墙高为 700+4430＝5130 mm,起拱线坡度为 1∶5.08。拱圈由三段圆弧组成,顶部一段在 90°范围内,其半径为 2 220 mm,其他两段在圆心角度为 33°51′范围内,半径为 3 210 mm,圆心分别在离中心线两侧 700 mm,高度离钢轨顶面为 3730 mm 处,钢轨以下部分为线路道床,其底面坡度为 3‰,以便排水。隧道衬砌断面总宽为 5 700 mm,总高为 8 130 mm。

第五节　避车洞图

避车洞有大、小两种,是供维修人员和运料小车在隧道内避让列车用的。它们是沿线路方向交错设置在隧道两侧的边墙上。小避车洞通常每隔 30 m 设一个,大避车洞每隔 150 m 设一个。为表示隧道内大、小避车洞的相互位置,需画出大、小避车洞的位置示意图,如图 9-5-1 所示。

由于这种示意图的图形比较简单,为节省图幅,纵横方向可采用不同的比例。通常纵向用 1∶2000,横向用 1∶200 等。

为了表示出大、小避车洞的形状、构造和尺寸,还需要画出大小避车洞的详图。如图 9-5-2 和图 9-5-3 所示。

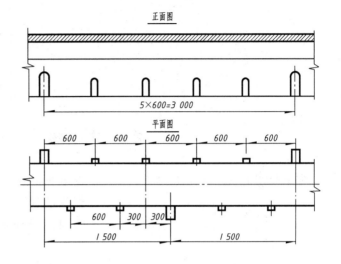

图 9-5-1　大、小避车洞位置示意图

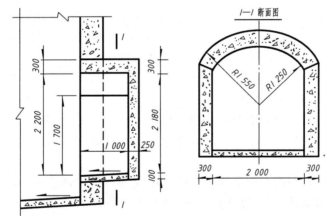

图 9-5-2　小避车洞图

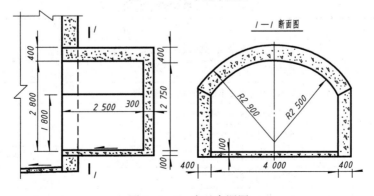

图 9-5-3　大避车洞图

第十章

铁路线路工程图

第一节 概 述

本章介绍的铁路线路工程图主要包括线路平面图和线路纵断面图。通过对线路平面图和线路纵断面图的介绍,让读者了解线路工程图的图示内容和图示方法,熟练掌握图样的识读方法。

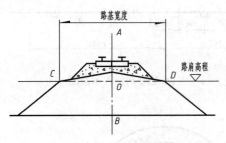

图 10-1-1 路基横断面图

如图 10-1-1 所示,路基横断面上距外轨半个轨距的铅垂线 AB 与路肩水平线 CD 的交点 O 在纵向上的连线,称为线路中心线。

线路的空间是由它的平面和纵断面决定的。线路平面图是线路中心线在水平面上的投影,表示线路平面位置;线路纵断面图是沿线路中心线所作的铅垂剖面展直后线路中心线的立面图,表示线路起伏情况,其高程为路肩高程。

各设计阶段编制的线路平面图和纵断面图是铁路设计的基本文件。

在各个设计阶段的定线要求不同,平面图和纵断面图也各有区别,其比例尺、项目内容和详细程度均不相同。

各种平纵面图的绘制都有标准的格式和要求,可参照铁道部颁布的《铁路工程制图标准》(TB/T10058-98)和通用图《铁路线路图式》(专线(185)0006)。

线路工程图采用的各种线型应符合表 10-1-1 的规定。

表 10-1-1 各种线型的用途

名 称	用 途
粗实线	设计线(新建、改建、增建第二线及单、双绕行线)、坡度线
中实线	既有线
细实线	导线、切线、坐标网线、地面线、标注线
粗虚线	设计线的比较线、隧道中心线
中虚线	预留设计线、既有隧道中心线
粗点画线	设计线的比较线
粗双点画线	设计线的比较线
折断线	断开界线

线路工程图选用的比例应符合表表 10-1-2 的规定。

表 10-1-2 比 例

设计图名称	比 例 尺
线路平面缩图	1：50000～1：500000
线路纵断面缩图	横：1：50000～1：500000 竖：1：1000 1：2000 1：5000
线路平面图	1：2000 1：5000 1：10000 1：50000
线路纵断面图	横：1：1000～1：50000 竖：1：500 1：1000
线路详细纵断面图	横：1：10000 竖：1：500 1：1000
线路方案平面缩图	1：50000～1：200000
简明纵断面图	横：1：50000～1：100000 竖：1：1000 1：5000 1：10000

第二节 线路平面图和纵断面图

现从教学需要出发,介绍新建铁路简明线路平纵面图的基本内容、基本要求和识读方法。

图 10-2-1 为新建铁路简明线路平纵面图,可应用于线路方案研究或(预)可行性研究阶段中的概略定线,它包含了线路设计的部分基本信息和资料。

一、线路平面图

线路平面图是在大比例带状地形图上,设计出线路平面和标出有关资料的平面图。

在线路平面图中,等高线表示地形和地貌特征,村镇、道路等表示地物特征。

图中粗线表示线路平面,要标出里程、曲线要素(转角 α、曲线半径 R 等)、车站和桥隧等资料。

线路详细平面图还应标明以下内容:

整千米处注明线路里程,里程前的符号初步设计用 CK,技术设计用 DK 表示。

千米标之间的百米标应注上百米标数,数字写在线路右侧,面向线路起点书写。

曲线交点应标明曲线编号,曲线转角应加脚注 Z 或 Y,表示左转或右转角。

曲线要素应平行线路写于曲线内侧。曲线起点 ZH 和终点 HZ 的里程,应垂直于线路写在曲线内侧。

沿线的车站、大中桥、隧道、平立交道口等建筑物,应以规定图例符号表示,并注明里程、类型和大小。如有改移公路、河道时,应绘出其中线。

二、线路纵断面图

纵断面图的上半部为线路纵断面示意图,横向表示线路的长度,竖向表示高程。

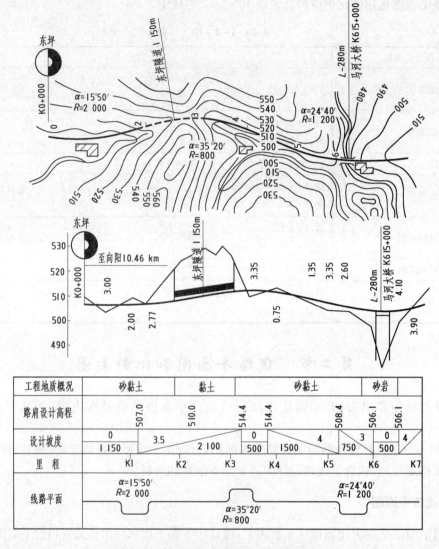

图 10 - 2 - 1　新建铁路简明线路平纵面图

细线表示地面线,粗线表示路肩高程线。

纵断面图的左方,应标注线路的主要技术标准。

车站符号的左、右侧,应写上距前、后车站的距离。

设计路肩高程线的上方,要求标出线路各主要建筑物的名称、里程、类型和大小。

纵断面图下半部为线路基础数据,自下而上顺序标出:线路平面、里程、设计坡度、设计高程、工程地质概况等栏目。

线路平面是表示线路平面的示意图。凸起部分表示右转曲线,凹下部分表示左转曲线,曲线要素注于曲线内侧。两相邻曲线间的水平线为直线段,要标注其长度。

各百米标和加标处应填写地面高程,精度为 0.01 m。

设计坡度。向上或向下的斜线表示上坡道或下坡道,水平线表示平道。线上数字表示坡度的千分数,线下数字表示坡段长度,单位 m。

图上应标出各变坡点、百米标和加标处的路肩设计高程,精度为 0.01 m。

扼要填写沿线各路段重大不良地质状况、岩性特征等情况。

其他应注意的问题：

(1)除线路平、纵断面缩图的比例应标注在图名的下方居中处外,其他线路设计图应标注在图标中的比例栏内;

(2)单张图、成卷图应将北、西方向朝着图纸上方;

(3)同一工程项目的线路平面图与纵断面图的制图方向一致,里程标注应对应;

(4)平面、纵断面图宜采用同一种高程系。

第十一章

AutoCAD 基础

CAD 是 Computer Aided Design（计算机辅助设计）的缩写，指利用计算机的计算功能和高效的图形处理能力，对产品进行辅助设计分析、修改和优化。当主要利用计算机辅助绘图，而不进行数据计算和设计分析时，CAD 又表示 Computer Aided Drawing（计算机辅助绘图）。国产 CAD 软件有很多种，如 CAXA、中望 CAD、PKPM、理正 CAD、浩臣 CAD 等，都有很强的功能和专业特点，但是这些软件的普及程度还不够高。

AutoCAD 是美国 Autodesk（欧特克）公司开发的 CAD 软件。既可以作为专业 CAD 软件的开发平台，也面向最终用户用于绘图。该软件功能全面，应用广泛，市场占有率高。

本章主要介绍 AutoCAD 2006 的工作界面、绘图环境设置、二维图形的绘制和编辑、文字录入和尺寸标注，以及图形的输出。通过本章的学习，使读者了解 AutoCAD 2006 软件各种功能的用途，初步掌握用 AutoCAD 2006 软件绘制工程图形的方法。

第一节　AutoCAD 2006 基础知识

一、AutoCAD 2006 的工作界面

AutoCAD 2006 的工作界面如图 11-1-1 所示。

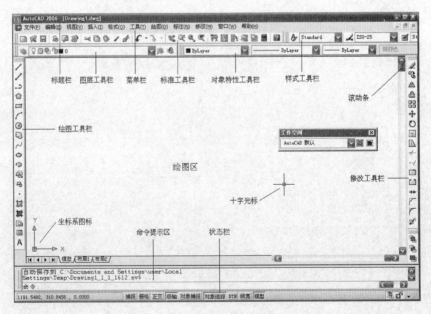

图 11-1-1　AutoCAD 2006 的工作界面

1. 标题栏

AutoCAD 2006 标题栏位于操作界面的顶部,颜色为蓝色。其左侧显示软件图标、软件名称、版本号,当前文件名称及文件格式;右侧的最小化按钮■、还原(最大化)按钮■、关闭按钮■主要用于控制界面的大小和退出 AutoCAD 2006 软件。

2. 菜单栏

AutoCAD 2006 的菜单栏由【文件】、【编辑】、【视图】、【插入】、【格式】、【工具】、【绘图】、【标注】、【修改】、【窗口】、【帮助】共 11 个菜单组成,每个菜单下又包含若干个子菜单,选择任意子菜单即可执行该命令。子菜单中命令的右侧若有"..."符号,表示选择此命令将会弹出相应的对话框;若为"▶"符号,则表示此命令还包含下一级子菜单。

3. 工具栏

在 AutoCAD 2006 中,工具栏是执行操作命令的快捷方式的集合,每个按钮都代表一个命令。在系统的默认状态下,操作界面中只显示【标准】、【样式】、【图层】、【对象特性】、【绘图】、【修改】、【工作空间】、【绘图次序】8 个工具栏。

除了上述 8 个工具栏之外,AutoCAD 2006 还提供了其他 22 个工具栏。

打开方式:在任意工具栏按钮上单击鼠标右键,会弹出如图 11-1-2 所示的工具栏选项菜单,在该菜单中选择某工具栏名称,使其左侧显示"√"符号,即可使其显示在界面窗口中,取消某工具栏的选择状态,即可隐藏该工具栏。

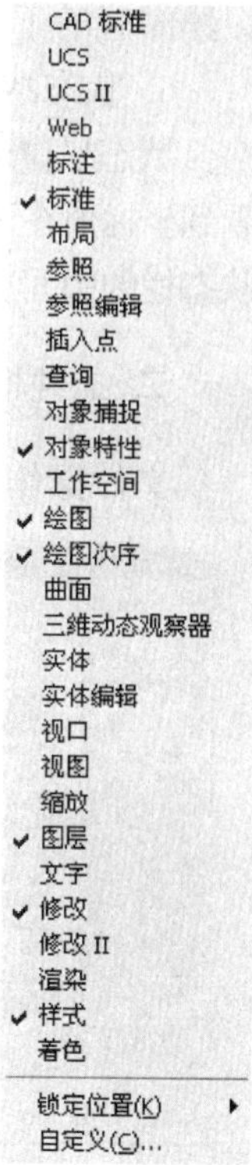

图 11-1-2 工具栏选项菜单

4. 绘图区

绘图区是指屏幕中面积最大的白色(或黑色)区域,它是用户的工作平台。在系统默认状态下,绘图区的背景色显示为黑色,也可设置为其他颜色。操作如下:执行菜单栏【工具】→【选项】命令,在弹出的【选项】对话框中激活【显示】标签,如图 11-1-3 所示,单击【窗口元素】区的 颜色(C)... 按钮,在弹出的【颜色选项】对话框中的【窗口元素】文本框里,选择【模型空间背景】,然后在【颜色】的文本里选择所需的颜色(如白色),如图 11-1-4 所示,依次单击 应用并关闭 和 确定 按钮,关闭【颜色选项】和【选项】对话框,即可将绘图区设置为白色。

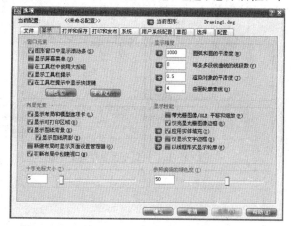

图 11-1-3 显示"显示"标签内容的【选项】对话框

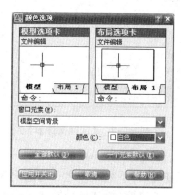

图 11-1-4 【颜色选择】对话框

5. 命令提示区

命令提示区也称为文本区,是显示用户与 AutoCAD 对话信息的地方,它以窗口的形式放在绘图区的下方。

6. 状态栏

状态栏位于操作界面的最下方,左边显示十字光标中心所在位置的坐标值,移动十字光标可以看到坐标值在不断变化;右侧按钮决定是否打开通信中心、是否锁定工具栏和工具选项板的位置;状态栏的中间有一组功能按钮,用鼠标单击任一按钮使其凹下,即可启用该按钮的相应功能。

二、文件操作

文件操作包括新建文件、打开文件、保存文件等。

图 11-1-5 【选择样板】对话框

1. 新建文件

选择菜单栏【文件】→【新建】命令或直接单击【标准】工具栏上的□图标按钮,屏幕上将弹出【选择样板】对话框,如图 11-1-5 所示。在对话框中选择一个图形样板(如 acad),然后单击 打开(O) 按钮即可根据指定的图形样板创建一个新图形。

2. 打开文件

选择菜单栏【文件】→【打开】命令或直接单击【标准】工具栏上的 图标按钮,即打开如图 11-1-6 所示的【选择文件】对话框,选择需要打开的图形文件,然后单击 打开(O) 按钮即可打开所选图形。

3. 保存文件

保存一个新图形时,可选择菜单栏【文件】→【保存】或【另存为】命令,或直接单击【标准】工具栏上的 图标按钮,即打开如图 11-1-7 所示的【图形另存为】对话框,在"保存于"的文本框中选择保存的路径,在【文件名】的文本框中输入文件名,单击 保存(S) 按钮即可。

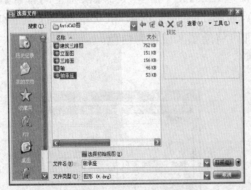

图 11-1-6 【选择文件】对话框

图 11-1-7 【图形另存为】对话框

4. 退出 AutoCAD 2006

用户执行下列操作之一可退出系统。

● 选择菜单栏【文件】→【退出】。

● 单击标题栏右上角的关闭按钮 。

● 在命令提示行输入 QUIT 或 EXIT,并按【Enter】键。

三、绘图环境设置

（一）【启动】对话框的设置

1.显示【启动】对话框

在 AutoCAD 2006 的默认设置下启动软件时，不会弹出【启动】对话框。要想显示【启动】对话框，则先要在 AutoCAD 2006 中进行相应的设置，操作如下：

启动 AutoCAD 2006 软件后，选择菜单栏【工具】→【选项】命令，在弹出的【选项】对话框中选择【系统】标签，在【基本选项】区中单击【启动】右侧的下拉箭头，在弹出的列表中选择【显示"启动"对话框】选项，如图 11-1-8 所示，然后依次单击 应用(A) 和 确定 按钮。设置完毕后，重新启动 AutoCAD 2006 软件，就会弹出如图 11-1-9 的【启动】对话框。

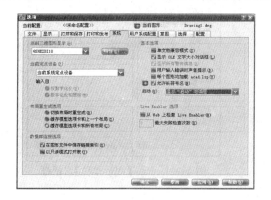
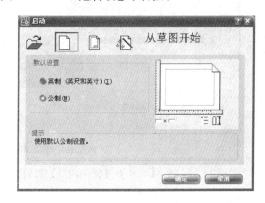

图 11-1-8 显示"系统"标签内容的【选项】对话框　图 11-1-9 【启动】→【从草图开始】对话框

2.从草图开始

从草图开始是系统默认的启动方式。激活此 按钮，然后单击 确定 按钮就可以以默认设置创建一个新图形，此图形的宽度和长度分别为"420 mm"和"297 mm"。

3.打开图形

激活此 按钮，【启动】对话框将显示与打开图形相关的选项和信息，如图 11-1-10 所示，或利用"浏览"功能打开其他图形。

4.使用样板

激活此 按钮，【启动】对话框将显示与选择样板相关的选项和信息，如图 11-1-11 所示，可在【选择样板】列表中任选一个样板创建新图形。

图 11-1-10 【启动】→【打开图形】对话框　图 11-1-11 【启动】→【使用样板】对话框

5. 使用向导

激活此  按钮,可以在系统引导下设置绘图环境并根据设置创建一个新图形。在【启动】→【使用向导】对话框中有【高级设置】和【快速设置】两种方式,如图 11-1-12 所示。

(二)【图形单位】和【图形界限】设置

1.【图形单位】的设置

(1)功能

该命令用来设置绘图的长度测量单位及精度、角度测量单位及精度和角度测量方向。

(2)命令的操作

单击菜单栏【格式】→【单位】,显示【图形单位】对话框,如图 11-1-13 所示。

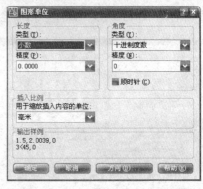

图 11-1-12　【启动】→【使用向导】对话框　　　　图 11-1-13　【图形单位】对话框

【长度】区:"类型"为"小数","精度"为"0.00"。

【角度】区:"类型"为"十进制","精度"为"0"。

"顺时针"前的复选框不勾选,表示角度的测量方向逆时针为正。

2.【图形界限】的设置

(1)功能

该命令用来设置绘图区域,相当于选图幅。

(2)命令的操作

单击菜单栏【格式】→【图形范围】,给出命令后,在命令提示区显示:

指定左下角点[打开(ON)/关闭(OFF)]<0.00,0.00>:↙(接受默认值,直接回车)

指定右上角点<420.00297.00>:210297↙(即绘图区域为一张竖放的 A4 图纸大小)

(三)图层和线型的设置

1. 图层

图层就相当于没有厚度的透明纸片,可将图形画在上面。一个图层只画一种线型和赋予一种颜色,所以要画多种线型就要设多个图层。这些图层就像几张重叠在一起的透明纸,构成一张完整的图样。

图层的创建方法如下:

(1)输入命令:

● 从下拉菜单选取:【格式】→【图层】

● 从键盘输入:LAYER

● 单击【图层】工具栏中的 💈 (图层特性管理器)按钮

给出命令后,将会弹出如图 11-1-14 所示的【图层特性管理器】对话框,用于创建和管理图层。

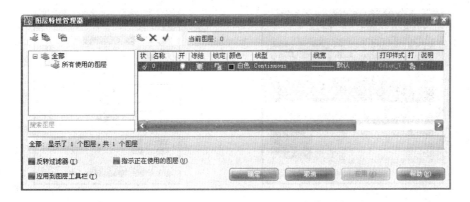

图 11-1-14 【图层特性管理器】对话框

每次创建新图层时,系统将自动创建一个名为"0"的特殊图层,该图层即不可以重新命名,也不可以被删除。

(2)单击新建图层 按钮,在图层列表中创建一个默认为"图层 1"的新图层,此图层反白显示。此时可以利用任意一种输入法为图层重新命名,如"虚线"。

2. 线型的加载

新建一个图层时,其线型均默认为上一图层的线型,若与之不同,则要加载线型。

如要加载虚线的线型,其操作如下:

用鼠标左键单击虚线层中"线型"类型下的"Continuous",会弹出如图 11-1-15 所示的【选择线型】对话框。若在【已加载的线型】文本框中没有所需要的线型,则单击 加载(L)... 按钮,在弹出的【加载或重载线型】对话框(如图 11-1-16)中选择一种所需要的线型,然后单击 确定 按钮,回到【选择线型】对话框,选择所需要的线型后再单击 确定 按钮,完成线型的加载。

绘制工程图时,常用的线型如下:

● 实线:CONTINUOUS
● 虚线:ACAD ISO02W100
● 点画线:ACAD ISO04W100
● 双点画线:ACAD ISO05W100

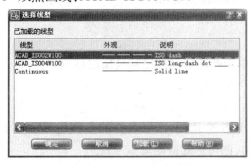

图 11-1-15 【选择线型】对话框

图 11-1-16 【加载或重载线型】对话框

3. 颜色的设定

为了使各种线型一目了然,可以设置不同的颜色。方法如下:

用鼠标左键单击虚线层中"颜色"类型下的颜色块,会弹出如图 11-1-17 所示的【选择颜色】对话框。从中选择一种所喜欢的颜色,然后单击 确定 按钮。

图 11-1-17 【选择颜色】对话框　　　　图 11-1-18 【线宽】对话框

4. 线宽的设定

用鼠标左键单击虚线层中"线宽"类型下的"——默认",会弹出如图 11-1-18 所示的【线宽】对话框。从中选择一种线宽,然后单击　确定　按钮。

要显示图线的宽度,可单击状态栏中的 线宽 使其凹下,即可显示线宽。若认为宽度的比例不合适,可单击菜单栏【格式】→【线宽】,在弹出的【线宽设置】对话框中,调整【调整显示比例】区的滑块,然后单击　确定　按钮,就可改变线宽的显示比例了。

虚线层设置完后如图 11-1-19 所示。

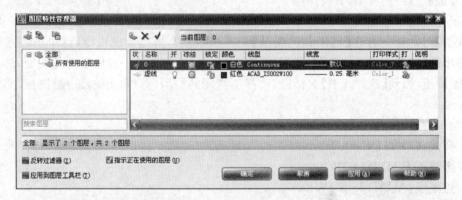

图 11-1-19 虚线层的各项设置示例

5. 图层的管理和控制

(1)修改图层名称

在图层列表中选择需要重新命名的图层,单击此图层名称使其呈反白显示,然后输入新的图层名称,最后按【Enter】键确认即可。

(2)删除图层

在图层列表中选择需要删除的图层,然后单击 ✖ 按钮,图层名称的左侧将显示一个删除标记 ✖ ,此时单击　确定　或　应用(A)　按钮,即可删除此图层。

(3)设置当前层

在绘图过程中,用户只能在当前层中绘制新图形。下面介绍两种当前层的设置方法:

● 在【图层特性管理器】对话框中选择一个图层,然后单击 ✔ 按钮,使其左侧显示当前图层标记 ✔ ,然后单击　确定　按钮,即将此图层设置为当前图层了。

● 单击【图层】工具栏中的 ☀♀♀♂■0　　　　　　　 窗口,在弹出的下拉列表中选择要设置为当前层的图层名称,即将此图层设置为当前层了。

(4)控制图层开关

在默认状态下,新创建的图层的开关状态均为"打开"、"解冻"及"解锁"。在绘图时可根据需要改变图层的开关状态,只要在【图层】工具栏的下拉列表中单击相应的开关即可。各项功能与差别如表11-1-1所示。

表 11-1-1　图层开关功能

项目与图标	功　　能	差　　别
关闭💡	隐藏指定图层的画面,使之看不见	关闭与冻结图层上的实体均不可见,其区别仅在于执行速度的快慢,后者比前者快。当不需要观察其他图层上的图形时,可利用冻结,以增加 ZOOM、PAN 等命令的执行速度。加锁图层上的实体是可以看见的,但无法编辑
冻结❄	冻结指定图层的全部图形,并使之消失不见注意:在绘图机上输出图形时,冻结图层上的实体是不会被绘出的,另外,当前图层是不能被冻结的	
加锁🔒	对图层加锁。在加锁的图层上,可以绘图但无法编辑	
打开💡	恢复已关闭的图层,使图层上的图形重新显示出来	打开是针对关闭而设的,解冻是针对冻结而设的,解锁是针对加锁而设的
解冻☀	对冻结的图层解冻,使图层上的图形重新显示出来	
解锁🔓	对加锁的图层解除锁定,以使图形可编辑	

四、命令输入和终止

1. 命令的输入

图 11-1-20 所示了以下三种命令的输入方法:

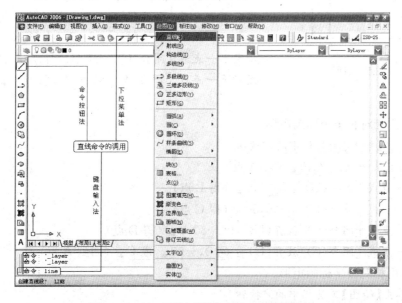

图 11-1-20　画【直线】命令的三种调用方法

● 单击命令按钮:单击工具栏中代表相应命令的图标按钮。

● 从菜单栏中选取:从菜单栏中单击要输入的命令项。

● 从键盘输入:在"命令:"状态下输入命令名,随后按【Enter】键或空格键。

2. 终止命令的执行

● 当一条命令执行完成后将自动终止。

● 在执行过程中按【Esc】键。

● 从菜单栏或工具栏调用另一个命令,将自动终止当前正在执行的绝大部分命令。

五、点的输入方式

用 AutoCAD 绘制工程图,是靠给出点的位置来实现的,如圆的圆心、直线的起点和终点等。在此,介绍定点的几种方法。

（一）坐标输入法

1. 绝对直角坐标

输入格式为"X,Y"。

2. 相对直角坐标

输入格式为"@ X,Y"。

注意:坐标输入时的逗号必须用半角英文符号。

3. 绝对极坐标

输入格式为"距离 ＜ 角度"。

4. 相对极坐标

输入格式为"@ 距离 ＜ 角度"。

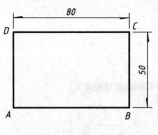

图 11 - 1 - 21　矩形

举例:用直线命令画矩形,尺寸如图 11 - 1 - 21 所示。

方法一:用绝对直角坐标画矩形。

命令:单击【绘图】工具栏中的 / 按钮

_Line 指定第一点:0,0✓(得 A 点)

指定下一点或 [放弃(U)]:80,0✓(得 B 点)

指定下一点或 [放弃(U)]:80,50✓(得 C 点)

指定下一点或 [闭合(C)/放弃(U)]:0,50✓(得 D 点)

指定下一点或 [闭合(C)/放弃(U)]:0,0✓或 C✓ D(回到 A 点)

方法二:用相对直角坐标画矩形。

命令:单击【绘图】工具栏中的 / 按钮

_Line 指定第一点:120,0✓(得 A 点)

指定下一点或 [放弃(U)]:@ 80,0✓(得 B 点)

指定下一点或 [放弃(U)]:@ 0,50✓(得 C 点)

指定下一点或 [闭合(C)/放弃(U)]:@－80,0✓(得 D 点)

指定下一点或 [闭合(C)/放弃(U)]:@ 0,－50✓或 C✓(回到 A 点)

方法三:用相对极坐标画矩形。

命令:单击【绘图】工具栏中的 / 按钮

_Line 指定第一点:240,0✓(得 A 点)

指定下一点或 [放弃(U)]:@ 80＜0✓(得 B 点)

指定下一点或 [放弃(U)]:@ 50＜90✓(得 C 点)

指定下一点或 [闭合(C)/放弃(U)]:@ 80＜180✓(得 D 点)

指定下一点或 [闭合(C)/放弃(U)]:@ 50＜270✓或 C✓(回到 A 点)

（二）用光标定点

移动十字光标，当光标到达指定的位置后，单击鼠标左键即可。

要让十字光标能精确地到达指定位置，可采用绘图辅助工具。

（三）绘图辅助工具的设置

采用下列设置，可使光标精确地到达指定位置。

1. 栅格和栅格捕捉

栅格是指在屏幕中显示的很多等距点，利用这些等距点可以方便、快捷地确定绘制图形的位置、长度和倾斜度。单击【状态栏】中的 栅格 按钮使其凹下（即打开显示栅格开关），绘图区就会显示栅格点，如图 11-1-22 所示。

栅格点间距的设置方法如下：单击菜单栏【工具】→【草图设置】命令，将弹出【草图设置】对话框，选择【捕捉和栅格】标签，如图 11-1-23 所示，即可对栅格和捕捉栅格的间距进行设置，若单击"启用捕捉"和"启用栅格"前的复选框，使其显示"√"，相当于使【状态栏】中的 捕捉 和 栅格 按钮凹下，即打开了栅格和捕捉栅格的开关，此时的十字光标只能在捕捉的间距点上跳动。

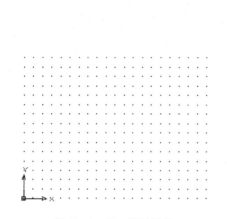

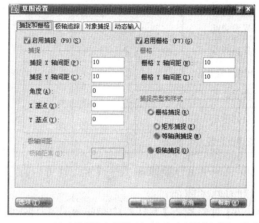

图 11-1-22　显示栅格　　　图 11-1-23　显示"捕捉和栅格"标签内容的【草图设置】对话框

2. 正交

单击【状态栏】中的 正交 按钮使其凹下，此时所画的直线只能与 X 轴或 Y 轴平行，即画的是正交线。在此模式下画图 11-1-21 的矩形，就会快捷得多，操作如下：

命令：单击【绘图】工具栏中的 ✓ 按钮

_ Line 指定第一点：光标直接点取 ✓ （若没有具体位置的要求，用光标随意点取 A 点）

指定下一点或[放弃(U)]：80 ✓ （鼠标放在 A 点的右侧）

指定下一点或[放弃(U)]：50 ✓ （鼠标放在 B 点的上方）

指定下一点或[闭合(C)/放弃(U)]：80 ✓ （鼠标放在 C 点的左侧）

指定下一点或[闭合(C)/放弃(U)]：50 ✓ 或 C ✓ （鼠标放在 D 点的下方）

由此可见，光标位置作为画线的方向，直线的长短由键盘输入的数值大小决定。

注意：在正交模式下，从键盘输入点的坐标来确定点的位置时不受正交影响。

3. 对象捕捉

在 AutoCAD 中绘图时，通过输入坐标值可以精确定位点的位置，但当多条线段通过同一点时，就需要重复输入该点坐标，这样会大大降低绘图效率。而运用对象捕捉方式，就可有效地避免点坐标的重复输入。

对象捕捉是一种点坐标的智能输入法，当在绘图过程中需要输入点坐标时，调用对象捕捉

工 程 制 图 及 CAD

命令,系统将自动捕捉图形中已存在的端点、交点、中心、垂足、圆心、切点等具有特殊位置的点作为输入点,以便快速准确的输入点坐标。

在【对象捕捉】工具栏中,共提供了 15 种对象捕捉工具,如图 11-1-24 所示。各常用捕捉工具的捕捉标记和功能如表 11-1-2 所示。

图 11-1-24 【对象捕捉】工具栏

(1)单一对象捕捉方式

表 11-1-2 常用捕捉工具的标记和功能

捕捉类型	命令按钮	捕捉标记	捕 捉 功 能
捕捉到端点		□	捕捉直线、多线、圆弧等图形的端点
捕捉到中点		△	捕捉直线、多线、圆弧等图形的中点
捕捉到交点		×	捕捉直线、圆、圆弧等图形之间的交点
捕捉到圆心		○	捕捉圆、圆弧、椭圆、椭圆弧的圆心
捕捉到象限点		◇	捕捉圆、圆弧、椭圆、椭圆弧的象限点
捕捉到切点		○	捕捉圆、圆弧、椭圆、样条曲线的切点
捕捉到垂足		⊥	捕捉直线、多线、样条曲线、圆的垂足
对象捕捉设置		无	弹出【草图设置】对话框,设置对象捕捉方式

只要 AutoCAD 要求输入一个点,就可以激活捕捉方式。单一对象捕捉可以通过以下常用的两种方式来激活:

● 在【对象捕捉】工具栏中单击相应的捕捉模式按钮。

● 在绘图区任意位置,先按住【Shift】键,再单击鼠标右键,将弹出如图 11-1-25 所示的快捷菜单,从该菜单中选择相应的捕捉模式。

注意:这种"单一对象捕捉模式"是一次性的,即每次输入点坐标时都要重新调用捕捉模式。

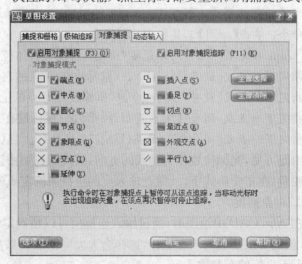

图 11-1-25 【对象捕捉】快捷菜单　　图 11-1-26 显示"对象捕捉"标签内容的【草图设置】对话框

（2）固定对象捕捉方式

固定对象捕捉方式是把对象捕捉固定在一种或几种捕捉模式下,通过单击【状态栏】上的【对象捕捉】按钮,就可连续执行所设置模式的捕捉,直至关闭。

右键单击【状态栏】上的【对象捕捉】按钮,在弹出的快捷菜单中选择【设置】命令,将弹出显示【对象捕捉】标签内容的【草图设置】对话框,如图 11-1-26 所示,在【对象捕捉模式】区勾选所需要的捕捉模式,并勾选【启用对象捕捉】,然后单击 确定 按钮。

4. 对象捕捉追踪

对象捕捉追踪方式可应用所设追踪模式与固定捕捉配合来捕捉通过某指定对象点延长线上的任意点。对象捕捉追踪可通过单击【状态栏】上的 对象追踪 按钮来打开或关闭。

如图 11-1-27 所示,三面投影图中若已画好了正面投影图,怎样使所画的水平投影图或侧面投影图与正面投影图符合"三等"关系呢? 运用"对象捕捉追踪"就可以方便地做到这一点。

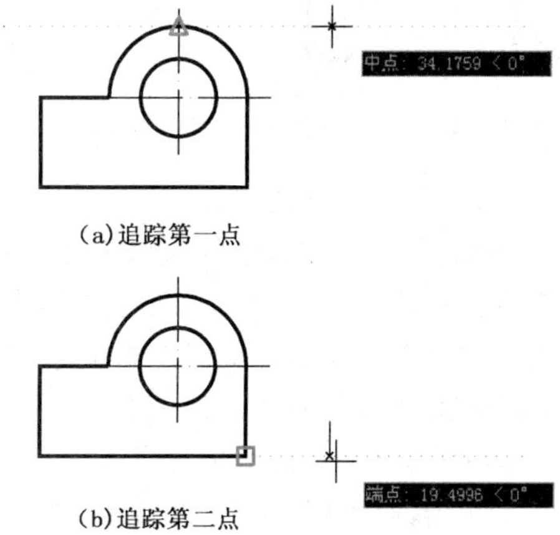

（1）设置对象捕捉追踪方式

右键单击【状态栏】上的【极轴】按钮,在弹出的快捷菜单中选择【设置】命令,将弹出显示【极轴追踪】标签内容的【草图设置】对话框,在【对象捕捉追踪设置】区勾选【用所有极轴角设置追踪】,然后单击 确定 按钮。

（2）设置固定对象捕捉方式

（3）画直线

(a)追踪第一点

(b)追踪第二点

图 11-1-27 对象捕捉追踪的应用

命令：单击【绘图】工具栏中的 / 按钮

_Line 指定第一点：光标移到圆弧与中心线的交点上,会出现"中点"捕捉标记,但不要单击鼠标,而是向右拖曳鼠标,此时会出现一条由点组成的追踪线,鼠标拖到合适位置时,再单击鼠标(这就给出了画侧面投影图直线的第一点,且与正面投影图高平齐)

指定下一点或[放弃(U)]：光标放到正面投影图的右下角点上,会出现"端点"捕捉标记,然后向右拖曳鼠标到第一点的正下方,当出现追踪线时单击鼠标(即可画出一条与正面投影图等高的垂线)

指定下一点或[放弃(U)]：采用前面所学的画线方式继续画线

六、选择和删除对象

用计算机绘图时不可避免地会出现多余的线条或错误的操作,这就需要进行选择和删除。

（一）选择图形的三种常用方式

1. 单选方式

单选方式是指单击鼠标一次只能选择一个对象,再单击一个对象再选择一个。

当执行某一修改命令后,命令提示区提示"选择对象"时,十字光标将变为正方形的拾取框,此时将光标放置到要选择的对象上,对象将以虚线并加厚显示,如图 11-1-28 所示中的矩形;单击该对象即可将其选中,图形被选择后将以虚线形式显示,如图 11-1-28 所示中的圆形。

2.W包含窗口方式

当执行某一修改命令后,命令提示区提示"选择对象",十字光标变为正方形的拾取框时,在 A 点位置单击鼠标,然后向右下方拖曳鼠标,拉出一个边线为实线、半透明的蓝色矩形选择框,如图 11 - 1 - 29 所示,此时单击鼠标,只有选择框内部的图形(即圆形)被选中,而用【矩形】命令画的矩形不能被选中。

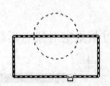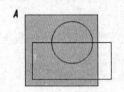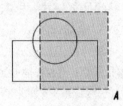

图 11 - 1 - 28 单选方式   图 11 - 1 - 29 W包含窗口方式   图 11 - 1 - 30 C交叉窗口方式

3.C交叉窗口方式

当执行某一修改命令后,命令提示区提示"选择对象",十字光标变为正方形的拾取框时,在 A 点位置单击鼠标,然后向左上方拖曳鼠标,拉出一个边线为虚线、半透明的绿色矩形选择框,如图 11 - 1 - 30 所示,此时单击鼠标,则全部包含在选择框之内的图形和与选择框交叉的图形全部被选中,即圆和矩形都被选中。

(二)删除图形的三种常用方式

1. 单击【修改】工具栏上的⏚按钮,十字光标变为拾取框后选择要删除的对象,选择完后单击鼠标右键即可删除所选图形。

2. 直接拾取所要删除的图形,然后按键盘上的【Delete】键,即可删除所选图形。

3. 直接拾取所要删除的图形,然后单击鼠标右键,在弹出的快捷菜单中选择【删除】,即可删除所选图形。

七、显示控制

1. 平移

【平移】命令用于移动图形在屏幕上的显示位置。操作如下:单击【标准】工具栏上的🖐按钮,十字光标将会变为👋形的平移光标,此时按住鼠标左键拖曳鼠标,屏幕中的图形会随光标的移动而移动。当将图形移动到合适的位置后,按键盘上的【Enter】键即可退出平移操作。

2. 缩放

【缩放】命令用于改变图形在屏幕上显示的大小。【平移】和【缩放】命令仅改变屏幕上的显示情况,不改变图形在坐标系中的实际位置和大小。

(1)实时缩放

单击【标准】工具栏上的 🔍按钮,十字光标将会变为🔍形的放大镜光标,此时按住鼠标左键向上拖曳鼠标,图形即被放大;按住鼠标左键向下拖曳,图形即被缩小。

直接使用鼠标滚轮也可以方便地进行实时缩放。

(2) 窗口缩放

命令:单击【标准】工具栏上的🔍按钮

指定窗口的角点,输入比例因子(nX 或 nXP),或者[全部(A)/中心(C)/动态(D)/范围(E)/上一个(P)/比例(S)/窗口(W)/对象(O)]＜实时＞:_W

指定第一个角点:在要放大的部位的左上角单击鼠标左键,并向右下角拖曳(拉出一个长方形框)

指定对角点:单击鼠标左键(确定一个长方形区域,则该长方形内的图形即被放大)

八、获得帮助

AutoCAD 软件有完善的帮助系统。按【F1】键可打开帮助界面。在命令执行过程中按【F1】键,可获得对该项命令的帮助。

第二节　绘制二维图形

一、绘制直线

命令:单击【绘图】工具栏中的／按钮

_Line 指定第一点:光标给出第一点

指定下一点或 [放弃(U)]:光标给出第二点

指定下一点或 [放弃(U)]:光标给出第三点

指定下一点或 [闭合(C)/放弃(U)]:U✓(表示放弃给出的第三点,重新给出第三点)

指定下一点或 [闭合(C)/放弃(U)]:C✓(构成一个封闭的图形)

二、绘制圆

1. 用"圆心、半径"法画圆(默认项),如图 11-2-1 所示。

命令:单击【绘图】工具栏中的◉按钮

_circle 指定圆的圆心或[三点(3P)/二点(2P)/相切、相切、半径(T)]:100,100✓(给出圆心位置,也可用光标直接点取)

指定圆的半径[直径(D)]:30✓(给出半径)

2. 用"圆心、直径"法画圆,如图 11-2-2 所示。

命令:单击【绘图】工具栏中的◉按钮

_circle 指定圆的圆心或[三点(3P)/二点(2P)/相切、相切、半径(T)]:260,100✓

指定圆的半径[直径(D)]<30.0000>:D✓

指定圆的直径<60.0000>:60✓

图 11-2-1　用"圆心、半径"法画圆　　　　图 11-2-2　用"圆心、直径"法画圆

3. 用"相切、相切、半径"法画圆,如图 11-2-3 所示。

命令:单击【绘图】工具栏中的◉按钮

_circle 指定圆的圆心或[三点(3P)/二点(2P)/相切、相切、半径(T)]:T✓

指定对象与圆的第一个切点:拾取直线 AB 为第一个对象

指定对象与圆的第二个切点:拾取直线 AC 为第二个对象

指定圆的半径<30.0000>:20 ↙

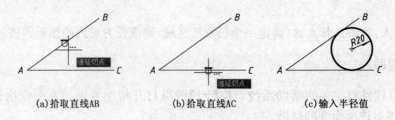

(a)拾取直线AB   (b)拾取直线AC   (c)输入半径值

图 11-2-3 用"相切、相切、半径"法画圆

三、绘制圆弧

1. 用"三点"法画圆弧(默认项),如图 11-2-4 所示。

命令:单击【绘图】工具栏中的 ⌒ 按钮

_arc 指定圆弧的起点或[圆心(C)]:光标给出第 1 点

指定圆弧的第二个点或[圆心(C)/端点(E)]:光标给出第 2 点

指定圆弧端点光标给出第 3 点

2. 用"起点、端点、半径"法画圆弧,如图 11-2-5 所示。

命令:单击菜单【绘图】→【圆弧】→【起点、端点、半径】

_arc 指定圆弧的起点或[圆心(C)]:给起点 A

指定圆弧端点给终点 B

指定圆弧的圆心或[角度(A)/方向(D)/半径(R)]:_r 指定圆弧的半径80 ↙

图 11-2-4 用"三点"法画圆弧   图 11-2-5 用"起点、端点、半径"法画圆弧

四、绘制矩形

绘制图 11-1-21 所示的矩形。

命令:单击【绘图】工具栏中的 ▢ 按钮

指定第一个角点或[倒角(C)/标高(E)/圆角(F)/厚度(T)/宽度(W)]:给左下角点

指定另一个角点或[面积(A)/尺寸(D)/旋转(R)]:@ 80,50 ↙

五、绘制椭圆

1. 用"轴、端点"法画椭圆(默认项),如图 11-2-6 所示。

命令:单击【绘图】工具栏中的 ⬭ 按钮

指定椭圆的轴端点或[圆弧(A)/中心点(C)]:给第 A 点 ↙

指定轴的另一端点:80 ↙(打开正交模式,用鼠标给出轴方向)

指定另一条半轴长度或[旋转(R)]:25 ↙

2. 用"中心点"法画椭圆,如图 11-2-7 所示。

命令:单击【绘图】工具栏中的 ⬭ 按钮

指定椭圆的轴端点或[圆弧(A)/中心点(C)]:C✓
指定椭圆的中心点:<u>用鼠标指定任一点为 O 点</u>
指定轴的端点:<u>40</u>✓(打开正交模式,用鼠标给出 A 点方向)
指定另一条半轴长度或[旋转(R)]:<u>25</u>✓

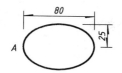
图 11-2-6 用"轴、端点"法画椭圆

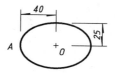
图 11-2-7 用"中心点"法画椭圆

六、绘制多段线

多段线可以绘制由若干条不同宽度的直线或圆连接而成的曲线或折线,如图 11-2-8,而这些直线或圆弧是一个实体。

命令:<u>单击【绘图】工具栏中的🔲按钮</u>
指定起点:<u>用鼠标指定任一点为 A 点</u>
当前宽度为 0.0000
指定下一点或[圆弧(A)/半宽(H)/长度(L)/放弃(U)/宽度(W)]:<u>W</u>✓
　指定起点宽度<0.0000>:<u>2</u>✓
　指定端点宽度<2.0000>:<u>　</u>✓
指定下一点或[圆弧(A)/半宽(H)/长度(L)/放弃(U)/宽度(W)]:

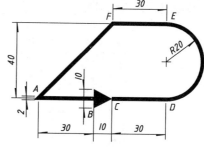
图 11-2-8 绘制多段线

(L)/放弃(U)/宽度(W)]:<u>30</u>✓(打开正交模式,用鼠标给出 B 点方向,得 B 点)
指定下一点或[圆弧(A)/闭合(C)/半宽(H)/长度(L)/放弃(U)/宽度(W)]:<u>W</u>✓
　指定起点宽度<2.0000>:<u>10</u>✓
　指定端点宽度<10.0000>:<u>0</u>✓
指定下一点或[圆弧(A)/闭合(C)/半宽(H)/长度(L)/放弃(U)/宽度(W)]:<u>10</u>✓(用鼠标给出 C 点方向,得 C 点)
指定下一点或[圆弧(A)/闭合(C)/半宽(H)/长度(L)/放弃(U)/宽度(W)]:<u>W</u>✓
　指定起点宽度<0.0000>:<u>2</u>✓
　指定端点宽度<2.0000>:<u>　</u>✓
指定下一点或[圆弧(A)/闭合(C)/半宽(H)/长度(L)/放弃(U)/宽度(W)]:<u>30</u>✓(用鼠标给出 D 点方向,得 D 点)
指定下一点或[圆弧(A)/闭合(C)/半宽(H)/长度(L)/放弃(U)/宽度(W)]:<u>A</u>✓(选择画圆弧模式)
指定圆弧的端点或[角度(A)/圆心(CE)/闭合(CL)/方向(D)/半宽(H)/直线(L)/半径(R)/第二个点(S)/放弃(U)/宽度(W)]:<u>CE</u>✓(选择圆心方式画圆弧)
　指定圆弧的圆心:<u>@ 0,20</u>✓(用相对直角坐标确定半圆的圆心 O)
指定圆弧的端点或[角度(A)/长度(L)]:<u>A</u>✓
指定包含角:<u>180</u>✓(角度逆时针为正,得 E 点)
指定圆弧的端点或[角度(A)/圆心(CE)/闭合(CL)/方向(D)/半宽(H)/直线(L)/半径

(R)/第二个点(S)/放弃(U)/宽度(W)]：L↙(选择画直线模式)

　　指定下一点或[圆弧(A)/闭合(C)/半宽(H)/长度(L)/放弃(U)/宽度(W)]：30↙（用鼠标给出 F 点方向，得 F 点）

　　指定下一点或[圆弧(A)/闭合(C)/半宽(H)/长度(L)/放弃(U)/宽度(W)]：C↙

第三节　图形的编辑

一、对象特性

　　利用【对象特性】命令可以全方位修改直线、圆、圆弧、多段线、矩形、椭圆、文字、尺寸等实体的几何特性，如图层、颜色、线型等。根据所选实体不同，AutoCAD 将显示不同内容的【特性】窗格。

　　选中要修改特性的对象后，单击【修改】工具栏中的▦按钮会弹出【特性】窗格，【特性】窗格中就会显示所选对象的有关特性，如图 11 - 3 - 1 所示。对【特性】窗格中对象的基本特性和几何图形参数进行修改后，所选对象随之就作相应的更改。

图 11 - 3 - 1　修改数值选项　　　　　图 11 - 3 - 2　修改下拉列表选项

　　1. 修改数值选项

　　单击需要修改的选项行，直接从键盘输入新数值；或单击"计算器"▦按钮，在弹出的计算器中输入新值后，依次单击 应用(A) 和 关闭(C) 按钮；或单击"拾取点"▣按钮，在绘图区用鼠标给出圆心的新位置，圆即移到了新的圆心位置上。

　　2. 修改有下拉列表的选项

　　单击需要修改的选项行，在该行的最后会显示下拉按钮▾，单击下拉按钮，如图 11 - 3 - 2 所示，在打开的下拉列表中选择所需要选项即完成修改。

二、复　　制

　　如图 11 - 3 - 3 所示，把以 O 为圆心的两同心圆复制到以 A、B 为圆心的位置上。

命令：单击【修改】工具栏中的▦按钮
选择对象：选择两同心圆
选择对象：↙（也可继续选择，选择结束后也可按鼠标右键结束选择）

指定基点或[位移(D)]<位移>:<u>选择圆心 O 点</u>

指定第二个点或<使用第一个点作位移>:<u>在 A、B 两点上各单击一下</u>↙

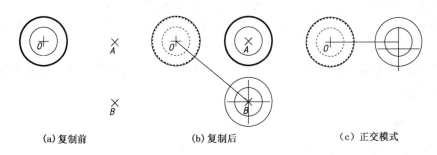

(a) 复制前　　　　　　　　(b) 复制后　　　　　　　　(c) 正交模式

图 11-3-3　复制图形

注意:在复制时打开【正交】模式,则只能在水平或垂直方向复制,此时若用光标指明复制方向,用键盘输入复制距离后按【Enter】键,就可在光标所指方向的指定距离处复制出图形。

三、镜　　像

如图 11-3-4 所示。

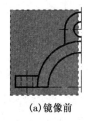　　　　　　　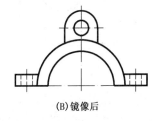

(a)镜像前　　　　　　　　　　　　　　(B)镜像后

图 11-3-4　镜像图形

命令:<u>单击【修改】工具栏中的 ⚐ 按钮</u>

选择对象:<u>选择左侧图形</u>

选择对象:↙(也可继续选择,选择结束后也可按鼠标右键结束选择)

指定镜像线的第一点:<u>选择对称线的上端点</u>

指定镜像线的第二点:<u>选择对称线的下端点</u>

要删除源对象吗?[是(Y)/否(N)]<N>:↙

四、偏　　移

如图 11-3-5 所示。

(a) 偏移前　　　　　　　　　　　　(b) 偏移后

图 11-3-5　偏移图形

命令:单击【修改】工具栏中的⚏按钮

指定偏移距离或[通过(T)/删除(E)/图层(L)]<0.0000>:给出要偏移的距离↙

选择要偏移的对象,或[退出(E)/放弃(U)]<退出>:选择直线

指定要偏移的那一侧上的点,或[退出(E)/多个(M)/放弃(U)]<退出>:指定偏移的方位

选择要偏移的对象,或[退出(E)/放弃(U)]<退出>:继续选择要偏移的图形或按【Enter】键结束命令

五、移 动

如图 11-3-6 所示。

命令:单击【修改】工具栏中的✛按钮

选择对象:选择圆

选择对象:↙(也可继续选择,选择结束后也可按鼠标右键结束选择)

指定基点或[位移(D)]<位移>:选择圆心点

指定第二个点或<使用第一个点作位移>:在矩形的右上角单击一下

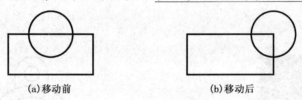

(a)移动前　　　　　　　(b)移动后

图 11-3-6　移动图形

注意:在移动时打开【正交】模式,则只能在水平或垂直方向移动,此时若用光标指明移动方向,用键盘输入移动距离后按【Enter】键,就可在光标所指方向移动所输入的距离。

六、旋 转

如图 11-3-7 所示。

命令:单击【修改】工具栏中的⟳按钮

选择对象:选择要旋转的图形

选择对象:↙(也可继续选择,选择结束后也可按鼠标右键结束选择)

指定基点:选择圆心点

指定旋转角度,或[复制(C)/参照(R)]<0>:C↙(旋转的同时复制图形)

指定旋转角度,或[复制(C)/参照(R)]<0>:45↙

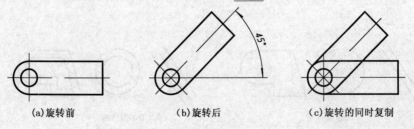

(a)旋转前　　　　　(b)旋转后　　　　　(c)旋转的同时复制

图 11-3-7　旋转图形

七、缩　　放

如图 11 - 3 - 8 所示。

命令：单击【修改】工具栏中的▥按钮

选择对象：选择五边形

选择对象：↙（也可继续选择，选择结束后也可按鼠标右键结束选择）

指定基点：选择左下角点

指定比例因子或[复制(C)/参照(R)]<0>:2↙（图形放大一倍）

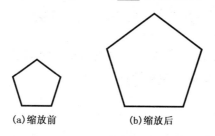

(a)缩放前　　　(b)缩放后

图 11 - 3 - 8　缩放图形

八、拉　　伸

利用【缩放】命令缩放图形只能对图形进行等比例缩放，而【拉伸】命令则可以根据指定的方向和长度拉伸或缩短图形，如图 11 - 3 - 9 中，把(a)图形拉伸为(c)的操作方法如下：

命令：单击【修改】工具栏中的▥按钮

以交叉窗口或交叉多边形选择拉伸的对象…

选择对象：按图 11 - 3 - 9(b)的方式选择要拉伸的对象（若对象全部在选择框内，该对象将被移动，如圆和右边的直线；若对象的一端在选择框内，该对象将被拉伸或压缩，如上下两条直线）

选择对象：↙（结束选择）

指定基点或[位移(D)]<位移>:捕捉 A 点

指定第二个点或<使用第一个点作为位移>:捕捉 B 点

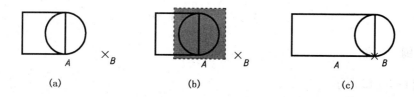

(a)　　　　　　　(b)　　　　　　　(c)

图 11 - 3 - 9　拉伸图形

九、修　　剪

【修剪】命令可以剪切掉修剪边界一侧或两条修剪边界之间的部分，如图 11 - 3 - 10 所示。

命令：单击【修改】工具栏中的┼按钮

当前设置：投影 ＝ UCS,边 ＝ 无

选择边界的边…

工程制图及CAD

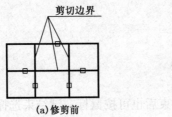

(a)修剪前　　　　　　　　　　　　　(b)修剪后

图 11-3-10　修剪图形

选择对象或<全部选择>:按图 11-3-10 选择剪切边界

选择对象或:↙(结束剪切边界的选择)

选择要修剪的对象,或按住 shift 键选择要延伸的对象,或[栏选(F)/窗交(C)/投影(P)/边(E)/删除(R)/放弃(U)]:依次选择要修剪的对象↙

十、延　　伸

要让一些图线在某一条线上平齐,如要使图 11-3-11(a)的图形达到(b)的效果,可采用【延伸】命令一次完成。

命令:单击【修改】工具栏中的 ┚ 按钮

当前设置:投影 = UCS,边 = 无

选择边界的边…

选择对象或<全部选择>:选择水平线↙

选择要延伸的对象,或按住 shift 键选择要修剪的对象,或[栏选(F)/窗交(C)/投影(P)/边(E)/放弃(U)]:选择要延伸的对象↙(右边的直线和圆要先按住 shift 再选择要修剪部分)

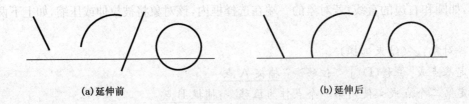

(a)延伸前　　　　　　　　　　　　　(b)延伸后

图 11-3-11　延伸对象

十一、倒　　角

如图 11-3-12 所示。

命令:单击【修改】工具栏中的 ┌ 按钮

(│修剪│模式)当前倒角距离 1=0.0000,距离 2 =0.0000(当前模式为修剪,距离为 0)

选择第一条直线或[放弃(U)/多段线(P)/距离(D)/角度(A)/修剪(T)/方式(E)/多个(M)]:D↙(修改倒角距离)

指定第一个倒角距离<0.0000>:5↙

指定第二个倒角距离<5.0000>:↙(两距离也可不相同)

选择第一条直线或[放弃(U)/多段线(P)/距离(D)/角度(A)/修剪(T)/方式(E)/多个(M)]:T↙(选择修剪模式)

输入修剪模式选项[修剪(T)/不修剪(N)]<修剪>:T✓(输入 N 为不修剪)

选择第一条直线或[放弃(U)/多段线(P)/距离(D)/角度(A)/修剪(T)/方式(E)/多个(M)]:选择要进行倒角的相交两直线中的一条直线

选择第二条直线,或按住 shift 键选择要应用角点的直线:选择第二条直线

(a)修剪模式　　　　　(b)不修剪模式

图 11 - 3 - 12　对图形进行倒角

十二、圆　　角

在 AutoCAD 中,【圆角】命令是一个非常有效的圆弧命令,它可以用一段圆弧来连接两个对象。利用【圆角】命令可以方便地绘制出如图 11 - 3 - 13 所示的几种形式的圆弧。

命令：单击【修改】工具栏中的▢按钮

当前设置:模式 ＝ 修剪,半径 ＝ 0.0000

选择第一个对象或[放弃(U)/多段线(P)/半径(R)/修剪(T)/多个(M)]:R✓(修改倒角半径)

指定圆角半径<0.0000>:输入圆角半径✓

选择第一个对象或[放弃(U)/多段线(P)/半径(R)/修剪(T)/多个(M)]:选择要进行圆角的第一个对象

选择第二条对象,或按住 shift 键选择要应用角点的对象:选择第二个对象

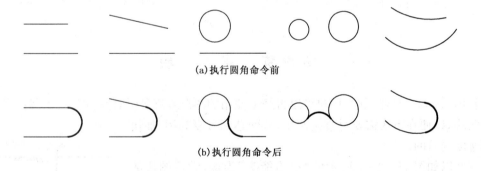

(a)执行圆角命令前

(b)执行圆角命令后

图 11 - 3 - 13　利用【圆角】命令绘制的圆弧

十三、分解命令

在 AutoCAD 中,系统将矩形、正多边形、多段线、多线、图块、标注等对象作为一个图元来处理。但在实际绘图过程中,如果将它们作为一个图元来处理,有时会给操作带来一些不便,这时可利用【分解】命令将它们分解为多个图元,如图 11 - 3 - 14 所示。

命令：单击【修改】工具栏中的▨按钮

选择对象：选择矩形

选择对象：✓(也可按鼠标右键结束选择)

(a)分解前　　　　　　　　　(b)分解后

图 11 - 3 - 14　用【矩形】命令画的矩形在分解前后的选择状态

十四、利用夹点编辑图形

夹点是对象上的一些特征点。在调用编辑命令之前选择某对象，被选中的对象会出现若干个蓝色小方框，这些小方框就是夹点，如图 11 - 3 - 15 所示。通过控制夹点的位置来编辑对象的方法就叫做夹点编辑。

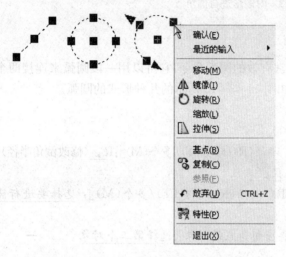

把鼠标悬停在夹点上时，夹点呈绿色，选中时夹点呈红色，此时移动鼠标，并在适当位置单击，即可改变此夹点的位置，从而改变图形的大小、形状或位置。

选定夹点后单击鼠标右键，将会弹出夹点编辑的快捷菜单，可以对图形进行移动、镜像、旋转、缩放等编辑，方法与前面所学的【移动】、【镜像】、【旋转】、【缩放】命令基本相同，其最大区别在于用夹点编辑使图形移动、镜像、旋转、缩放的同时可以复制对象。

图 11 - 3 - 15　夹点分布和夹点快捷菜单

第四节　图　　块

利用 AutoCAD 绘图时，用户可以将经常使用的图形或符号（如标高符号、里程桩号等）定义为图块，以便在下次需要时直接调用，从而达到重复利用、加快绘图速度的目的。

下面以如图 11 - 4 - 1 所示的"单边箭头"为例，学习图块的操作。

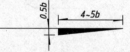

图 11 - 4 - 1　单边箭头

一、绘制单边箭头

取 $b = 0.7$，用【Solid】命令绘出单边箭头。

命令：Solid✓

指定第一点：在绘图区单击鼠标左键（给出第一点）

指定第二点：@-3.5,0 ✓（用相对直角坐标给出第二点）

指定第三点：@0,-0.35 ✓（用相对直角坐标给出第三点）

指定第四点或＜退出＞：@3.5,0.35 ✓（用相对直角坐标给出第四点）

指定第三点：✓（结束命令的操作）

命令：单击【绘图】工具栏中的▱按钮
_Line 指定第一点：光标给出箭头的左上角点
指定下一点或［放弃(U)］：3.5↙(打开正交模式，光标放在第一点左边)
指定下一点或［放弃(U)］：↙(结束命令)

二、创建块

1. 单击【绘图】工具栏中的▱创建块按钮，或单击菜单栏【绘图】→【块】→【创建】，将会弹出如图 11-4-2 所示的【块定义】对话框。

2. 在【名称】的文本框中输入要创建的图块名(单边箭头)。

3. 单击【基点】区的▱拾取点按钮，进入绘图区中用鼠标指定图块的插入点(选择单边箭头的尖端)，回到【块定义】对话框。

4. 单击【对象】区的▱选择对象按钮，进入绘图区中选择要创建图块的图形(选择整个单边箭头)，选择完后按【Enter】键回到【块定义】对话框，此时可在对话框的右上角看到已选择对象的图形。

5. 单击▱确定▱按钮，完成图块的创建。

三、插 入 块

插入图块是指将已定义的图块插入到当前图形中。操作如下：

1. 单击【绘图】工具栏中的▱创建块按钮，或单击菜单栏【插入】→【块】，将会弹出如图 11-4-3 所示的【插入】对话框。

2.【名称】：用来选择插入到当前绘图区的图块名称。

3.【插入点】：用来设置图块基点插入到当前绘图区的位置。

图 11-4-2　【块定义】对话框

图 11-4-3　【插入】对话框

4.【缩放比例】：用来设置图块插入到当前绘图区的缩放比例。若勾选下面"统一比例"，则表示三个方向的缩放比例一致。若不勾选，则表示三个方向可以设置不同的比例。

5.【旋转】：用来设置图块插入时的旋转角度。

6.【分解】：选择此项，系统将选择的图块分解成单个的图形对象后再插入到当前图形中。

7. 单击▱确定▱按钮，就可以插入图块了。

单边箭头插入后的效果如图 11-4-4 所示。

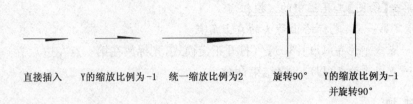

直接插入　　　Y的缩放比例为-1　统一缩放比例为2　　　旋转90°　　Y的缩放比例为-1
　　　　　　　　　　　　　　　　　　　　　　　　　　　　　　　　　　　　　并旋转90°

图 11-4-4　图块的插入效果

四、重定义块

要修改用【创建块】命令创建的图块,应先分解这种图块中的任意一个进行修改(或重新绘制),然后以同样的图块名再用【创建块】命令重新定义。重新定义后,AutoCAD将立即修改所有已插入的同名图块。

第五节　文字的输入和尺寸标注

一、文　字

(一)设置文字样式

设置文字样式是设置文字样式的名称、字体名、字体样式和文字高度,并决定是否使该样式下的文字产生颠倒、反向、垂直和倾斜等特殊效果。只有设置好了样式,才能进行文字的输入。

1. 命令的输入

● 单击菜单栏【格式】→【文字样式】命令

● 单击【样式】工具栏上的 按钮

输入命令后会弹出如图 11-5-1 所示的【文字样式】对话框。默认的当前样式名为"Standard",文字名为"txt. shx"。

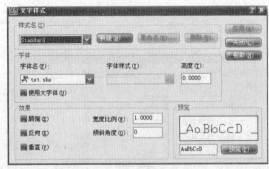

图 11-5-1　【文字样式】对话框

图 11-5-2　【新建文字样式】对话框

2. 样式的设置

在【样式名】区单击 新建(N)... 按钮,在弹出如图 11-5-2 所示的【新建文字样式】对话框的【样式名】文本框中输入新建的文字样式名,然后单击 确定 按钮回到【文字样式】对话框。在【字体】区的【字体名】文本框中点击下拉箭头,从中选择一种字体。不需要效果就依次单击 应用(A) 和 关闭(C) 按钮,一个新的文字样式就建好了。

3. 创建文字样式实例

(1)创建"工程图中的汉字"文字

"工程图中的汉字"文字样式用于在工程图中注写符合国家技术制图标准规定的汉字(长

仿宋体、直体),创建过程如下:

打开【文字样式】对话框,单击 新建(N)... 按钮,在【新建文字样式】对话框的【样式名】文本框中输入"工程图中的汉字",单击 确定 按钮回到【文字样式】对话框。在【字体】区的【字体名】文本框中单击下拉箭头,选择"仿宋_GB2312",在"高度"文本框中默认为 0.0000,在【效果】区的【宽度比例】文本框中输入"0.7"(使所选汉字为长仿宋体),其他使用默认值,最后依次单击 应用(A) 和 关闭(C) 按钮。

(2)创建"工程图中的尺寸"文字样式

打开【文字样式】对话框,单击 新建(N)... 按钮,在【新建文字样式】对话框的【样式名】文本框中输入"工程图中的尺寸",单击 确定 按钮回到【文字样式】对话框。在【字体】区的【字体名】文本框中单击下拉箭头,选择"gbenor.shx",在"高度"文本框中默认为 0.0000,【效果】区全部使用默认值,最后依次单击 应用(A) 和 关闭(C) 按钮。

注意:汉字的文字高度设置为 0,则在输入"单行文字"时会提示输入"文字高度";若设置文字高度不为零,则在输入文字时高度不能改变。

(二)单行文字

1. 输入单行文字

命令:单击菜单栏【绘图】→【文字】→【单行文字】

当前文字样式:工程图中的汉字,当前文字高度:7.0000

指定文字的起点或[对正(J)/样式(S)]:在适当位置单击鼠标(指定文字起点)

指定文字高度<7.0000>:输入文字高度↙(此项只有在【文字样式】对话框中【文字高度】设为"0"时才有)

指定文字的旋转角度<0>:↙(表示不旋转文字)

预计"十一五"末期,铁路客运量增长速度将达到12%。(输入单行文字,按【Enter】键换行)

2020 年我国铁路运营里程将超过 10 万公里。

按两次【Enter】键结束操作,输入的单行文字如图 11-5-3 所示。

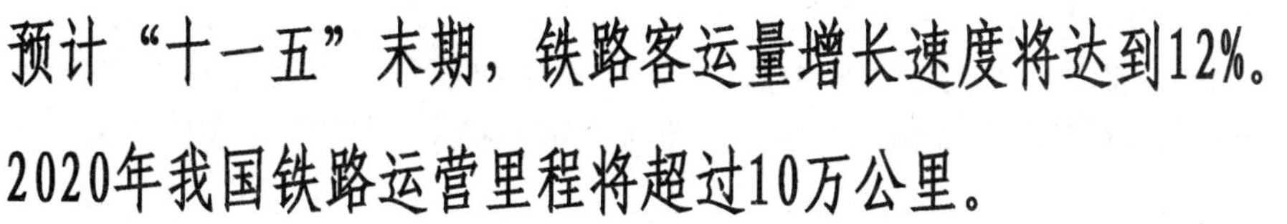

预计"十一五"末期,铁路客运量增长速度将达到12%。

2020年我国铁路运营里程将超过10万公里。

图 11-5-3 利用【单行文字】命令输入的文字

2. 特殊符号的输入

在 AutoCAD 中,有些符号是键盘上没有的,所以要用特定的输入方式输入。常用符号的输入方式见表 11-5-1。

表 11-5-1 常用符号的输入法

特殊符号	输入方法	输入样例	显示结果
度数°	%%D	45%%D	45°
直径ϕ	%%C	%%C100	ϕ100
正负号±	%%P	%%P0.000	±0.000
下划线	%%U	%%U平面图	平面图

3. 文字的对正方式

除了默认的左对齐对正方式，系统还提供了【对齐】、【中心】、【中间】等多种对正方式。

下面以填写"标题栏"为例（如图 11-5-4），介绍文字对正方式的使用。先把设置好的写汉字的文字样式置为当前。

命令：单击下拉菜单【绘图】→【文字】→【单行文字】

当前文字样式：工程图中的汉字，当前文字高度：7.0000

指定文字的起点或[对正(J)/样式(S)]：J↙（进入选择对正方式）

输入选项[对齐(A)/调整(F)/中心(C)/中间(M)/右(R)/左上(TL)/中上(TC)/右上(TR)/左中(ML)/正中(MC)/右中(MR)/左下(BL)/中下(BC)/右下(BR)]：M↙（选择"中间"）

指定文字的中间点：鼠标在格子的正中间单击一下

指定文字高度<7.0000>：3.5↙

指定文字的旋转角度<0>：↙（表示不旋转文字）

职责人名（输完后在另一个格子中间点再单击一下鼠标，即可输入下一格子里的文字，直到输完相同字高的文字，按两次【Enter】键结束文字的输入）

注意：同一字高的字应在同一命令下输完。

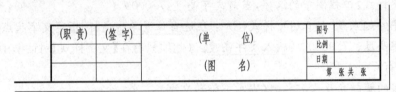

图 11-5-4　用【中间】对正方式填写标题栏

（三）文字的编辑

利用【文字编辑】命令可以修改文字内容，方法如下：

单击下拉菜单【修改】→【对象】→【文字】→【编辑】命令（或选中要修改的文字后单击鼠标右键，在出现的快捷菜单中选择【编辑】命令），出现拾取框后选择要编辑的文字，修改后按【Enter】键确认，继续选择要编辑的文字。在未选文字的状态下按【Enter】键，则结束命令。

二、尺寸标注

在系统默认状态下，AutoCAD 将尺寸界线、尺寸线、箭头和尺寸数值作为一个整体。

图 11-5-5　【标注】工具栏

【标注】工具栏是进行尺寸标注时输入命令的最快捷方式，在进行尺寸标注时应将该工具栏（如图 11-5-5 所示）弹出放在绘图区旁。在标注尺寸前，要对标注样式进行设置。

（一）设置标注样式

1.【标注样式管理器】对话框可用下列方法之一打开：

● 单击菜单栏【格式】→【标注样式】

● 单击菜单栏【标注】→【标注样式】

● 单击【样式】工具栏上的 按钮
● 单击【标注】工具栏上的 按钮

命令输入后,将弹出【标注样式管理器】对话框,如图 11-5-6 所示,对话框中的【样式】区显示当前图中已有的尺寸标注样式名称;【预览】区显示所选尺寸标注样式名称的标注示例。

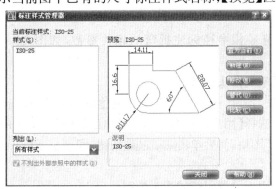

图 11-5-6 【标注样式管理器】对话框　　　图 11-5-7 【创建新标注样式】对话框

2. 创建新的尺寸标注样式

在【标注样式管理器】对话框中单击 新建(N)… 按钮,弹出【创建新标注样式】对话框,如图 11-5-7 所示,在【新样式名】文本框中输入新样式的名称(如工程图中的标注),【基础样式】文本框中的内容,在没有新建任何新样式之前只有默认的"ISO-25",然后单击 继续 按钮,进入各标签的设置。

3.【直线】标签

(1)【尺寸线】区

用于设置尺寸线的颜色、线型、线宽、超出标记、基线间距及是否隐藏尺寸线等外观属性。如图 11-5-8 所示。

【超出标记】:当箭头使用建筑标记、倾斜标记、小点标记等时,此选项用于设置尺寸线超出尺寸界线的距离。

【基线间距】:当创建基线标注时,此选项用于设置相邻两条尺寸线之间的距离,此值应大于"文字高度"和"文字从尺寸线偏移距离"之和(建议此值设置为 7 mm)。

(2)【尺寸界线】区

用于设置尺寸界线的颜色、线型、线宽、超出尺寸线的距离、起点偏移量等外观属性。

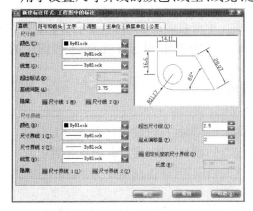

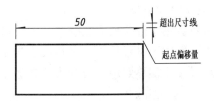

图 11-5-8 显示【直线】标签内容　　　图 11-5-9 超出尺寸线和起点偏移量的位置

【超出尺寸线】:用于设置尺寸界线在尺寸线上方延伸的距离(建议此值设为2～3 mm)。

【起点偏移量】:用于设置尺寸界线与尺寸界线原点之间的偏移距离(建议此值设2～3 mm),如图11-5-9所示。

【固定长度的尺寸界线】:决定是否使用固定长度的尺寸界线。

4.【符号和箭头】标签

此标签用于设置箭头、圆心标记、弧长符号和半径标注折弯的相关参数,如图11-5-10所示。

【第一项】、【第二个】:用于设置尺寸线两端的箭头类型。

由于路线工程图的国标规定用"单边箭头",若已画好单边箭头并创建成图块,可单击【第一项】文本框右边的下拉箭头,在下拉列表中选择【用户箭头】命令,在弹出的【选择自定义用户块】对话框的列表中选择已创建的"单边箭头"图块,然后单击 确定 按钮,回到显示【符号和箭头】标签的【创建新标注样式】对话框中

【引线】:当创建快速引线标注时,此选项用于设置引线的箭头类型。

【箭头大小】:用于设置箭头的尺寸大小(若用自定义的单边箭头,则此值设为1)。

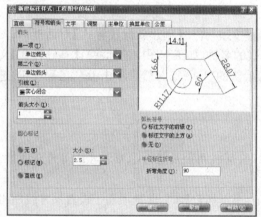

图11-5-10 显示【符号和箭头】标签内容   图11-5-11 显示【文字】标签内容

5.【文字】标签

用于设置尺寸文字的样式、颜色、高度以及是否使用边框等外观属性,并可以指定尺寸文字的位置和对齐方式,如图11-5-11所示。

(1)【文字外观】区

【文字样式】:用于选择尺寸文字应用的文字样式。单击右侧的按钮,将会弹出【文字样式】对话框,可以创建新文字样式或修改已有文字样式(如选择前面已设置的"工程图中的尺寸")。

【文字高度】:用于设置文字的高度(建议此值设为3.5 mm)。

(2)【文字位置】区

【垂直】:用于设置尺寸文字和尺寸线在垂直方向上的相对位置(建议此项设为上方)。

【水平】:用于设置尺寸文字和尺寸线在水平方向上的相对位置(建议此项设为置中)。

【从尺寸线偏移】:用于设置尺寸文字与尺寸线之间的间距(建议此项设为1 mm)。

(3)【文字对齐】区

用于设置尺寸文字在尺寸界线内或尺寸界线外时的方向(建议此项设为与尺寸线对齐)。

6.【调整】标签

该标签用于设置尺寸文字、箭头以及尺寸界限之间的位置关系,如图 11-5-12 所示。

(1)【调整选项】区

当尺寸界线之间的距离不足以放置尺寸文字和箭头时,该区域中的选项用于设置尺寸文字和箭头的移出方式(建议此项设为"文字和箭头")。

(2)【文字位置】区

当系统将尺寸文字放置到尺寸界线的外侧时,此选项用于设置文字相对于尺寸线的位置以及是否添加引线(建议此项设置为"尺寸线旁边")。

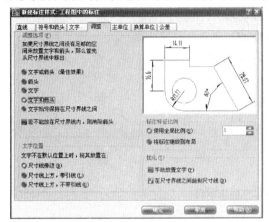
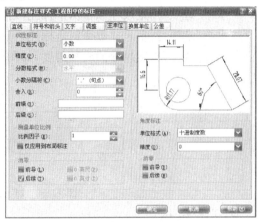

图 11-5-12　显示【调整】标签内容　　　　图 11-5-13　显示【主单位】标签内容

7.【主单位】标签

该标签用于设置主标注单位的格式、精度、小数分隔符、尺寸文字的前缀和后缀,以及是否对尺寸文字进行消零处理,如图 11-5-13 所示。

(1)【线性标注】区

【单位格式】、【精度】:用于设置线性尺寸的单位格式和精度,此时显示绘图环境所设置的单位格式和精度。

【小数分隔符】:用于设置小数分隔符为句号、逗号还是空格(建议此项设为"句点")。

(2)【测量单位比例】区

【比例因子】:用于设置线性标注所采用的测量单位比例。当设置一个比例因子值以后,测量的尺寸乘以这个比例因子才是最终标注的尺寸。

(3)【角度标注】区

【单位格式】、【精度】:用于设置角度标注的单位格式和精度,此时显示绘图环境所设置的单位格式和精度。

8. 修改尺寸标注样式

若设置完标注样式后觉得不合适,可用下列方法进行修改:在【标注样式管理器】对话框中选择要修改的样式,然后单击右边的 修改(M)... 按钮,接下来的操作与新建标注样式的操作相同。

(二)尺寸的标注

1. 线性标注

命令:单击【标注】工具栏上的 □ 按钮

指定第一条尺寸界线原点或<选择对象>:捕捉第一尺寸界线原点

指定第二条尺寸界线原点:捕捉第二尺寸界线原点

指定尺寸线位置或[多行文字(M)/文字(T)/角度(A)/水平(H)/垂直(V)/旋转(R)]：指定尺寸线位置或选项

若指定尺寸线位置，AutoCAD将按测定的尺寸数字完成标注，如图11-5-14(a)、(b)所示。

若需要可进行选项，上述提示行各选项含义如下：

"多行文字"选项：用多行文字编辑器指定尺寸数字。

"文字"选项：用单行文字方式指定尺寸数字，如图11-5-14(c)所示。

"角度"选项：指定尺寸数字的旋转角度，如图11-5-14(d)所示。

"水平"选项：指定尺寸数字水平标注(可直接拖动)。

"垂直"选项：指定尺寸数字铅垂标注(可直接拖动)。

"旋转"选项：指定尺寸的旋转角度，如图11-5-14(e)所示。

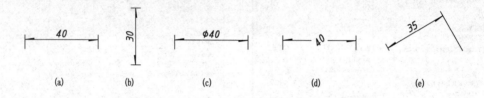

图 11-5-14　线性尺寸标注示例

2. 半径标注

如图11-5-15所示。

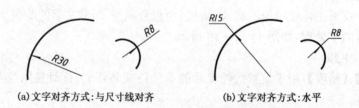

(a)文字对齐方式：与尺寸线对齐　　　(b)文字对齐方式：水平

图 11-5-15　半径尺寸标注示例

命令：单击【标注】工具栏上的⊙按钮

选择圆弧或圆：选择圆弧或圆

指定尺寸线位置或[多行文字(M)/文字(T)/角度(A)]：拖动确定尺寸线位置或选项

若指定尺寸线位置，AutoCAD将按测定的尺寸数字完成标注。

若需要可进行选项，各选项含义与线性标注方式的同类选项相同。

3. 直径标注

如图11-5-16所示。

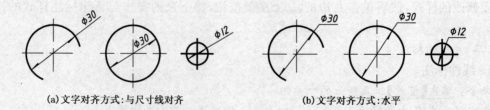

(a)文字对齐方式：与尺寸线对齐　　　(b)文字对齐方式：水平

图 11-5-16　直径尺寸标注示例

命令：单击【标注】工具栏上的 ⊗ 按钮

选择圆弧或圆：选择圆弧或圆

指定尺寸线位置或[多行文字(M)/文字(T)/角度(A)]：拖动确定尺寸线位置或选项

若指定尺寸线位置，AutoCAD 将按测定的尺寸数字完成标注。

若需要可进行选项，各选项含义与线性标注方式的同类选项相同。

4. 角度标注

(1)两直线间的角度标注，如图 11-5-17(a)所示。

命令：单击【标注】工具栏上的 △ 按钮

选择圆弧、圆、直线或<指定顶点>：选择第一条直线

选择第二条直线：选择第二条直线

指定标注弧线位置或[多行文字(M)/文字(T)/角度(A)]：指定尺寸线位置或选项

(2)整段圆弧的角度标注，如图 11-5-17(b)所示。

命令：单击【标注】工具栏上的 △ 按钮

选择圆弧、圆、直线或<指定顶点>：选择圆弧

指定标注弧线位置或[多行文字(M)/文字(T)/角度(A)]：指定尺寸线位置或选项

(3)三点形式的角度标注，如图 11-5-17(c)所示。

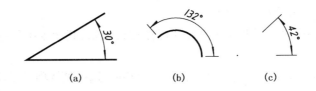

  (a)   (b)   (c)

图 11-5-17 角度尺寸标注示例

命令：单击【标注】工具栏上的 △ 按钮

选择圆弧、圆、直线或<指定顶点>：↙

指定角顶点：选择顶点

指定角的第一个端点：选择第一个端点

指定角的第二个端点：选择第二个端点

指定标注弧线位置或[多行文字(M)/文字(T)/角度(A)]：指定尺寸线位置或选项

5. 基线标注

如图 11-5-18 所示图形的标注，先用线性尺寸标注方式标注基准尺寸，然后再标注基线尺寸。

命令：单击【标注】工具栏上的 ⊟ 按钮

指定第二条尺寸界线原点或[放弃(U)/选择(S)]<选择>：捕捉 A 点

指定第二条尺寸界线原点或[放弃(U)/选择(S)]<选择>：捕捉 B 点

指定第二条尺寸界线原点或[放弃(U)/选择(S)]<选择>：捕捉 C 点

指定第二条尺寸界线原点或[放弃(U)/选择(S)]<选择>：按【Enter】键结束标注

6. 连续标注

如图 11-5-19 所示图形的标注，先用线性尺寸标注方式标注基准尺寸，然后再标注连续尺寸。

命令：单击【标注】工具栏上的 ⊞ 按钮

指定第二条尺寸界线原点或[放弃(U)/选择(S)]<选择>：捕捉 A 点

指定第二条尺寸界线原点或[放弃(U)/选择(S)]<选择>：捕捉 B 点

指定第二条尺寸界线原点或[放弃(U)/选择(S)]<选择>：捕捉 C 点

指定第二条尺寸界线原点或[放弃(U)/选择(S)]<选择>：按【Enter】键结束标注

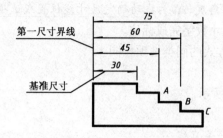
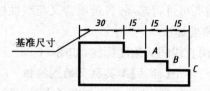

图 11-5-18　基线标注尺寸标注示例　　　图 11-5-19　连续标注尺寸标注示例

(三)尺寸的编辑

1. 编辑标注

当尺寸标注后，利用【编辑标注】可对尺寸界线的倾斜角度、尺寸文字的放置角度以及尺寸文字的内容进行编辑修改。

命令：单击【标注】工具栏上的 🅰 按钮

输入标注编辑类型[默认(H)/新建(N)/旋转(R)/倾斜(O)]<默认>：✓

选择对象：选择一个尺寸(作为编辑对象)

利用【编辑标注】命令可以同时对多个尺寸标注进行编辑，其命令中各选项对编辑类型的功能如下：

【默认】：当标注的尺寸文字或尺寸界线旋转或倾斜后，选择默认项可以使倾斜的尺寸文字和尺寸界线恢复到原始状态，如图 11-5-20 左图所示。

【新建】：选择此选项，会弹出【文字格式】工具栏，在输入框中输入新的尺寸文字，然后在图形中选择需要修改的尺寸标注，可以对原有的尺寸文字进行修改。

【旋转】：选择此选项，系统提示"指定标注文字的角度"，当输入尺寸文字的旋转角度后，在图中选择需要修改的尺寸标注，将根据指定的角度对尺寸文字进行旋转。

【倾斜】：选择此选项，在【选择对象】提示下选择要倾斜的尺寸标注，系统将继续提示【输入倾斜角度(按 ENTER 表示无)】，在此提示下输入一个倾斜角度，可以按照指定的角度将尺寸界线进行倾斜，如图 11-5-20 右图所示。

(a) 标注编辑类型为"默认"的前后状态　　　　(b) 标注编辑类型为"倾斜"的前后状态

图 11-5-20　【编辑标注尺寸】标注示例

2. 编辑标注文字

利用【编辑标注文字】命令可以对尺寸文字和尺寸线的位置以及尺寸文字的倾斜角度进行编辑。

命令：单击【标注】工具栏上的 🖊 按钮

选择标注：选择要编辑的尺寸

指定标注文字的新位置或[左(L)/右(R)/中心(C)/默认(H)/角度(A)]：移动鼠标重新指定尺寸文字和尺寸线的位置或选择其他选项

第六节 图 形 输 出

图形绘制完后的输出打印有两种方法,其操作如下所述。

一、通过模型空间打印图纸

1. 单击菜单栏【文件】→【打印】命令,会弹出【打印-模型】对话框,如图 11-6-1 所示,在【打印机/绘图仪】区的【名称】列表中选择已连接在电脑上的打印机。

2. 在【图纸尺寸】的下拉列表中选择图纸大小。

3. 在【打印份数】的文本框中输入打印数量。

4. 在【打印区域】区的【打印范围】中选择一种方式:

● 【窗口】:将绘制图形中的一个窗口区域作为打印区域。

● 【范围】:将实际绘图区域的大小作为打印区域。

● 【图形界限】:将设置的图形界限作为打印区域。

● 【显示】:将当前屏幕显示的绘图区域作为打印区域。

5. 在【打印比例】区中设置图形单位和打印单位的相对比例,默认设置为【布满图纸】。

● 【布满图纸】:选择此选项,打印时将根据图纸尺寸自动缩放图形,从而使图形布满整张图纸。

● 【比例】:用于设置图形单位和打印单位之间的相对比例。

6. 在【打印偏移】区中设置图形在图纸上的位置。默认情况下,系统将图形的坐标原点定位在图纸的左下角,也可在【X】、【Y】的文本框中输入坐标原点在图纸上的偏移量。当选取【居中打印】选项时,表示将当前打印图形的中心定位在图纸的中心上。

7.【图形方向】:单击【打印-模型】对话框右下角的 ⊙ 按钮,会弹出隐藏选项,在【图形方向】区可设置图纸的打印方向。

8. 单击左下方的 预览(P)... 按钮,可以看到打印出图的效果,单击 ✖ 关闭预览窗口按钮,回到【打印-模型】对话框。

9. 单击 确定 按钮,就可以打印输出图形了。

图 11-6-1 【打印-模型】对话框   图 11-6-2 【页面设置管理器】对话框

二、通过布局空间打印图纸

1. 单击绘图区下面的【布局 1】选项卡,再单击菜单栏【文件】→【页面设置管理器】命令,会弹出如图 11-6-2 所示的【页面设置管理器】对话框。

2. 单击右边的 修改(M)... 按钮,弹出【页面设置-布局 1】对话框,将【打印区域】区的【打印范围】设为【布局】,如图 11-6-3 所示,其他选项的设置与图 11-6-1【打印-模型】对话框中的设置相同。

3. 依次单击【页面设置-布局 1】对话框中的 确定 按钮和【页面设置管理器】对话框中的 关闭(C) 按钮,进入图纸空间,如图 11-6-4 所示。

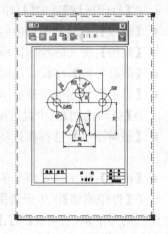

图 11-6-3 【页面设置-布局 1】对话框   图 11-6-4 图纸空间

4. 单击浮动窗口,利用夹点编辑功能将浮动窗口的对角点拖曳到虚拟图纸的外围。

5. 在任意命令按钮上单击鼠标右键,在弹出的"工具栏选项菜单"中选择【视口】工具栏,在【视口】工具栏右侧的比例窗口中设置一比例值,然后按【Enter】。

6. 按键盘左上角的【Esc】键退出夹点编辑,然后单击【标准】工具栏的中的打印预览按钮,就可以看到图形打印的预览效果了。

参 考 文 献

［1］　刘秀芩. 工程制图. 2 版. 北京：中国铁道出版社，2006.
［2］　铁路工程制图标准(TB/T 10058—98). 北京：中国铁道出版社，2003.
［3］　铁路工程制图图形符号标准(TB/T 10059—98). 北京：中国铁道出版社，1998.
［4］　道路工程制图标准(GB 50162—92). 北京：中国计划出版社，1993.